Heike Gleisner

Die Bestimmung des Nichtmetalls Fluor

Heike Gleisner

Die Bestimmung des Nichtmetalls Fluor

- mit einem High-Resolution Continuum Source-Atomabsorptionsspektrometer (HR-CS AAS)

Südwestdeutscher Verlag für Hochschulschriften

Impressum/Imprint (nur für Deutschland/only for Germany)
Bibliografische Information der Deutschen Nationalbibliothek: Die Deutsche Nationalbibliothek verzeichnet diese Publikation in der Deutschen Nationalbibliografie; detaillierte bibliografische Daten sind im Internet über http://dnb.d-nb.de abrufbar.
Alle in diesem Buch genannten Marken und Produktnamen unterliegen warenzeichen-, marken- oder patentrechtlichem Schutz bzw. sind Warenzeichen oder eingetragene Warenzeichen der jeweiligen Inhaber. Die Wiedergabe von Marken, Produktnamen, Gebrauchsnamen, Handelsnamen, Warenbezeichnungen u.s.w. in diesem Werk berechtigt auch ohne besondere Kennzeichnung nicht zu der Annahme, dass solche Namen im Sinne der Warenzeichen- und Markenschutzgesetzgebung als frei zu betrachten wären und daher von jedermann benutzt werden dürften.

Coverbild: www.ingimage.com

Verlag: Südwestdeutscher Verlag für Hochschulschriften GmbH & Co. KG
Heinrich-Böcking-Str. 6-8, 66121 Saarbrücken, Deutschland
Telefon +49 681 37 20 271-1, Telefax +49 681 37 20 271-0
Email: info@svh-verlag.de

Zugl.: Jena, Fiedrich-Schiller-Universität, Diss., 2011

Herstellung in Deutschland:
Schaltungsdienst Lange o.H.G., Berlin
Books on Demand GmbH, Norderstedt
Reha GmbH, Saarbrücken
Amazon Distribution GmbH, Leipzig
ISBN: 978-3-8381-3022-4

Imprint (only for USA, GB)
Bibliographic information published by the Deutsche Nationalbibliothek: The Deutsche Nationalbibliothek lists this publication in the Deutsche Nationalbibliografie; detailed bibliographic data are available in the Internet at http://dnb.d-nb.de.
Any brand names and product names mentioned in this book are subject to trademark, brand or patent protection and are trademarks or registered trademarks of their respective holders. The use of brand names, product names, common names, trade names, product descriptions etc. even without a particular marking in this works is in no way to be construed to mean that such names may be regarded as unrestricted in respect of trademark and brand protection legislation and could thus be used by anyone.

Cover image: www.ingimage.com

Publisher: Südwestdeutscher Verlag für Hochschulschriften GmbH & Co. KG
Heinrich-Böcking-Str. 6-8, 66121 Saarbrücken, Germany
Phone +49 681 37 20 271-1, Fax +49 681 37 20 271-0
Email: info@svh-verlag.de

Printed in the U.S.A.
Printed in the U.K. by (see last page)
ISBN: 978-3-8381-3022-4

Copyright © 2011 by the author and Südwestdeutscher Verlag für Hochschulschriften GmbH & Co. KG and licensors
All rights reserved. Saarbrücken 2011

Kurzfassung

Es wird eine Methode zur Bestimmung des Gesamtgehaltes von Fluor in verschiedenen Matrices vorgestellt, die erstmalig unabhängig von der Bindungsform des Analyten Fluor ist und auch für nichtwässrige Lösungen eingesetzt werden kann. Die Methode beruht auf der analytischen Auswertung der Molekülabsorption (MA) von Galliummonofluorid mit einem hochauflösenden Kontinuumstrahler-Atomabsorptionsspektrometer (HR-CS-AAS) mit quergeheiztem Graphitrohrofen. Den höchsten Absorptionskoeffizienten hat die Rotationslinie von GaF bei einer Wellenlänge von 211,248 nm. Das Elektronenanregungsspektrum wird in einem permanent mit Zirkoniumcarbid beschichteten Graphitrohr mit PIN-Plattform durch die Zugabe von bis zu 500 µg Ga als Molekülbildungsreagenz erzeugt. Durch die Methode der statistischen Versuchsplanung wurde der empfindlichkeitssteigernde Einfluss verschiedener Modifier auf die GaF-MA untersucht. Die höchste Methodenempfindlichkeit wurde durch die Verwendung eines Pd/ Zr- und eines Natriumacetat-Modifiers erreicht. Entscheidende Voraussetzung für die Wirksamkeit des Palladiums war die Einführung einer thermischen Vorbehandlung zur Aktivierung des Pd/ Zr-Modifiers. Die Implementierung eines automatischen Messablaufs für flüssige und feste Proben wurde erstmalig in die Gerätesoftware ASpectCS integriert. Unter diesen Bedingungen wurden eine Pyrolysetemperatur von 550° C und eine Molekülbildungstemperatur von 1550° C optimiert. Für ein Probeninjektionsvolumen von 20 µL wurde eine Nachweisgrenze von 0,26 µg L^{-1} F ($\hat{=}$ 5,2 pg F) und eine charakteristische Konzentration von 0,37 µg L^{-1} F ($\hat{=}$ 7,4 pg F) erreicht. Damit ist die Methode mehr als eine Größenordnung nachweisstärker als die ausschließlich für wässrige Lösungen einsetzbare Ionenchromatographie (IC) und die ionensensitive F-Elektrode (F-ISE).
Im Rahmen der Methodenvalidierung wurde die Robustheit der Methode bezüglich des Einfluss von verschieden konzentrierten Matrixionen H^+, Cl^-, Ca^{2+}, Mg^{2+}, Fe^{3+} und Al^{3+} auf die GaF-MA überprüft. Im Ergebnis dessen sollten die Untersuchungslösungen neutral oder nur schwach basisch bis schwach sauer sein, da hohe H^+-Ionenkonzentrationen durch die Bildung von flüchtigem HF zu einem Vorverlust des Analyten Fluor führt. Fe^{3+}-Ionen haben keinen Einfluss auf die GaF-MA. Der Einfluss von Ca^{2+}-, Mg^{2+}-, und Cl^--Ionen kann durch einen $NH_4H_2PO_4$-Modifier bis zu Ionenkonzentrationen von 200 mg L^{-1} unterdrückt werden, im Fall von Al^{3+}-Ionen bis zu 20 mg L^{-1}.

Kurzfassung

Die Richtigkeit der Methodenergebnisse konnte in verschiedenen Matrices wie Wasser, Zahncreme, Sediment, Pflanzen, Futtermittel nachgewiesen sowie anhand von zertifizierten Referenzmaterialien und durch Vergleichsmessungen mit anderen Analysenverfahren zur Bestimmung von Fluor (F-ISE und GC-MS) bestätigt werden.

Im Ergebnis der durchgeführten Arbeit wurde mittels HR-CS-MAS erstmalig eine neue und nachweisstarke Analysenmethode für die Bestimmung des Gesamtgehaltes des Nichtmetalls Fluor in flüssigen und festen Proben, in wässrigen und nichtwässrigen Lösungen und für die Bestimmung von ionischem und kovalent gebundenem Fluor entwickelt.

Abkürzungsverzeichnis

AAS	Atomabsorptionsspektrometer
AOX	Absorbierbare organisch gebundene Halogene (Cl, Br, J)
ASpect CS	Name der Gerätesoftware des contrAA® 700
CCD	Charge coupled device (ladungsträgergekoppelter hochintegrierter Festkörper-Schaltkreis) Halbleiterdetektor
CRM	Zertifiziertes Referenzmaterial
ENW	Elektronegativitätswert
EOX	Extrahierbare organisch gebundene Halogene (Cl, Br, J)
ETV	Elektrothermische Verdampfung
EU	Europäische Union
F AAS	Flammen Atomabsorptionsspektrometer
FFT-CCD	Full Frame Transfer Backside Illuminated Charge Coupeld Device
F-ISE	Fluorselektive Elektrode
^{19}F-MRS	Fluor-19 Magnetresonanzspektroskopie
^{19}F-NMR	Fluor-19 Kernspinmagnetresonanzspektroskopie
GC	Gaschromatographie
GC-MS	Gaschromatographie mit massenspektrometrischer Detektion
GDCh	Gesellschaft Deutscher Chemiker
GF AAS	Graphitrohr Atomabsorptionsspektrometer
GOW	Gesundheitlicher Orientierungswert
HE	Haupteffekte
HKL	Hohlkathodenlampe
HMDS	Hexamethyldisiloxan
HR-CS-AAS	Hochauflösendes Kontinuumstrahler Atomabsorptionsspektrometer (high-resolution continuum source atom absorption spectrometer)
HR-CS-MAS	Hochauflösende Kontinuumstrahler Molekülabsorptionsspektrometrie (high-resolution continuum source molecular absorption spectrometry)
I	Identität
IBC	Iterative Untergrundkorrektur (iterative background correction)
IC	Ionenaustauschchromatographie
ICP-MS	Induktiv gekoppeltes Plasmamassenspektrometer
ICP-OES	Induktiv gekoppeltes Plasmaemissionsspektrometer
ISE	Ionensensitive Elektrode

Abkürzungsverzeichnis

LC-MS	Flüssigchromatographie mit massenspektrometrischer Detektion
LS-AAS	Linienstrahler Atomabsorptionsspektrometer
MA	Molekülabsorption
MAS	Molekülabsorptionsspektrometrie
MFP	Monofluorphosphat
OECD	Organisation für wirtschaftliche Zusammenarbeit und Entwicklung (Organisation for Economic Cooperation and Development)
PBT	P=Persistenz, B=Bioakkumulation, T= Toxizität
PFC	Perfluorierte Verbindungen (perfluorinated compounds)
PFOA	Perfluorcarbonsäuren
PFOS	Perfluorsulfonsäuren
PTFE	Polytetrafluorethylen
QC-STD	Qualitätskontrollstandard
REACH	Registrierung, Bewertung und Zulassung von Chemikalien (Registration, Evaluation, Authorisation of Chemicals)
SPE	Festphasenextraktion (solid phase extraction)
SVP	Statistische Versuchsplanung
TECS	Trimethylethylchlorosilan
TISAB	Total Ionic Strength Adjusting Buffer (Lösung zum Einstellen einer bestimmten Ionenstärke und pH-Wertes)
TMFS	Trimetylfluorsiloxan
TwVo	Trinkwasserverordnung
TXRF	Totalreflexionsröntgenfluoreszenzanalyse
TZP	Temperatur-Zeit-Programm
UGK	Untergrundkorrektur
UV	Ultraviolett
VF	Verdünnungsfaktor
VDLUFA	Verband Deutscher Landwirtschaftlicher Untersuchungs- und Forschungsanstalten
WE	Wechselwirkungseffekte
WFR	Wiederfindungsrate
WHO	Weltgesundheitsorganisation
ZP	Zentralpunkt

Formelverzeichnis

A	Extinktion
a	Aktivität (der frei vorliegenden Ionen)
B	Rotationskonstante
B_i	Regressionskoeffizienten des Regressionspolynoms
E	Elektrochemisches Potential
E'	Konstante in Abhängigkeit von Temperatur und vom verwendeten Elektrodensystem
E^0	Elektrochemisches Normalpotential
ΔE	Elektrochemische Potentialdifferenz von Referenz- und Messelektrode
E_D	Dissoziationsenergie
$E_{F^-}^0$	Elektrochemisches Normalpotential der Fluoridelektrode
E_{Ref}^0	Elektrochemisches Normalpotential der Referenzelektrode
F	Faradaykonstante (96485 $J \cdot V^{-1} \cdot mol^{-1}$)
f	Freiheitsgrad
$\Phi_{a(\lambda)}$	Strahlungsleistung, die aus dem Absorptionsvolumen austritt
$\Phi_{e(\lambda)}$	Strahlungsleistung, die in das Absorptionsvolumen eintritt
J	Rotationsquantenzahl
K	Selektivitäts-Koeffizient
$k(\lambda)$	spektraler Absorptionskoeffizient
k	Haupteinflüsse
k	Faktor zur Berechnung der Bestimmungsgrenze
l	Länge des durchstrahlen Absorptionsvolumens
m	Zahl der Faktorstufen
n	Zahl Wiederholmessungen
N	Gesamtzahl der freien Atome
N	Zahl der Versuche
P	Statistische Wahrscheinlichkeit, Signifikanzniveau
PG	Prüfgröße zur Bewertung eines statistischen Tests
r	Korrelationskoeffizient
R	Allgemeine Gaskonstante (8,314 $J \cdot mol^{-1} K^{-1}$)
R	Auflösung
S	Elektrodensteilheit (Nernstfaktor)

Formelverzeichnis

s_b	Mittlere Standardabweichung aller bestimmten Regressionskoeffizienten des Regressionspolynoms
s_k^2	Varianz eines k-ten Ergebnismittelwertes
s_{rel}	Relative Standardabweichung in %
s_y	Mittlere Standardabweichung aller bestimmten Ergebnismittelwerte (Standardfehler, mittlerer Messfehler)
T	Absolute Temperatur in K
v	Schwingungsquantenzahl
VB_{rel}	Relative Analysenpräzision an der unteren Grenze des Arbeitsbereiches in %
VG	Vergleichsgröße zur Bewertung eines statistischen Tests aus F- oder t-Tabelle
x_i	Unabhängige Variable
y_i	Messergebnis des i-ten Versuches (Antwortgröße)
z	Zahl der effektiven Elektronen für den Formelumsatz zwischen den Redoxpartnern

Inhaltsverzeichnis

Kurzfassung I

Abkürzungsverzeichnis III

Formelverzeichnis V

Inhaltsverzeichnis 1

1   Problematik und Zielstellung 7

2   Theorie und Grundlagen 9

2.1   Analysenmethoden zur Bestimmung von Fluorid und Fluor 9
2.2   Die ionensensitive Elektrode zur Bestimmung von Fluorid 10

2.2.1   Theorie 10
2.2.2   Aufbau einer F-ISE 11
2.2.3   Praktische Anwendung 12
2.2.4   Störungen 12

2.3   Die Ionenaustausch-Chromatographie zur Bestimmung von Fluor ... 15

2.3.1   Theorie 15
2.3.2   Aufbau, Trennsäulen und Eluenten 16
2.3.3   Suppressortechnik 17
2.3.4   Nachteile der IC mit Suppressortechnik 18

2.4   Spektroskopische Methoden zur Bestimmung von Fluor 20

2.4.1   Problematik der direkten spektroskopischen Methoden 20
2.4.2   Indirekte spektroskopische Methoden 20
2.4.3   Molekülabsorptionsspektrometrie 21

2.5   Molekülabsorptionsspektrometrie mit AAS 22

2.5.1   Grundlegende Untersuchungen 22
2.5.2   Gerätetechnik 22
2.5.3   Fortführende Untersuchungen 23

2.5.4	Molekülabsorptionsspektrometrie mit hochauflösendem Kontinuumstrahler-AAS	24
2.5.5	Bestimmungsverfahren für Fluor in festen Proben	24
2.6	**Grundlagen der Molekülabsorptionsspektrometrie**	**26**
2.6.1	Elektronenanregungsspektren	26
2.6.2	Schwingungsspektren	27
2.6.3	Rotationsspektren	29
2.7	**Aufbau und Funktion eines HR-CS-AAS**	**32**
2.7.1	Strahlungsquelle	32
2.7.2	Atomisator	34
2.7.3	Spektrometer	35
2.7.4	Detektor	37
2.8	**Messprinzip des HR-CS-AAS**	**39**
2.8.1	Messprinzip der Atomabsorptionsspektrometrie	39
2.8.2	Messwertgewinnung mit dem HR-CS-AAS	39
2.9	**Untergrundkorrektur**	**41**
2.9.1	Dynamische Untergrundkorrektur mit HR-CS-AAS	42
2.9.2	IBC-Methode zur Untergrundkorrektur mit HR-CS-AAS	43
2.9.3	Korrektur von kontinuierlich spektralem Untergrund mit HR-CS-AAS	44
2.9.4	Korrektur von diskontinuierlich spektralem Untergrund mit HR-CS-AAS	45
2.9.5	Korrektur direkter Linienüberlagerung mit HR-CS-AAS	45
2.9.6	Leistungsfähigkeit der Untergrundkorrektur mit HR-CS-AAS	47
2.10	**Statistische Versuchsplanung**	**50**
3	**Methodenentwicklung und –optimierung**	**55**
3.1	**Gerätetechnik**	**55**
3.2	**Auswahl von zweiatomigen Fluormolekülen**	**56**
3.2.1	Bindungsdissoziationsenergie	56

Inhaltsverzeichnis

3.2.2	Bormonofluorid	57
3.2.3	Aluminiummonofluorid	58
3.2.4	Galliummonofluorid	58
3.2.5	Berylliummonofluorid	60
3.2.6	Diskussion	60
3.3	**Signaloptimierung von Galliummonofluorid**	**62**
3.3.1	Erste Messergebnisse und Diskussion	62
3.3.2	Thermische Pd-Modifier-Vorbehandlung	63
3.3.3	Permanente ZrC-Beschichtung des Graphitrohres	66
3.3.4	Einfluss von Ga als Molekülbildungsreagens	68
3.3.5	Blindwertproblematik der GaF-MA	71
3.3.6	Einfluss des Zr-Modifiers	73
3.3.7	Einfluss von Natriumsalzen	74
3.3.8	Einfluss von Ru als Modifier	76
3.4	**Auswertung und Wichtung der Einflussgrößen mittels statistischer Versuchsplanung**	**78**
3.4.1	2^4-Faktorplan	78
3.4.2	2^3-Faktorplan	80
3.5	**Optimierung der analytischen Parameter**	**81**
3.5.1	Zahl der Modifier	81
3.5.2	Pyrolyse- und Atomisierungstemperatur	82
4	**Methodenvalidierung**	**83**
4.1	**Bestimmung der Methodenkenngrößen**	**83**
4.2	**Empfindlichkeitsbeeinflussung durch Matrixionen**	**86**
4.2.1	Chlorid	86
4.2.2	Salpetersäure	87
4.2.3	Kationen der Elemente Ca, Mg, Fe, Al	89

Inhaltsverzeichnis

4.3	**Anwendung alternativer Analysenprinzipien**	92
4.3.1	Ionensensitive Elektrode	92
4.3.2	Gaschromatographie	94
5	**Applikationen**	**95**
5.1	**Bestimmung von Fluor in Trink- und Mineralwasser**	**95**
5.1.1	Bedeutung	95
5.1.2	Proben, Probenvorbereitung und Kalibrierung	96
5.1.3	Ergebnisse und Diskussion	98
5.2	**Bestimmung von Fluor in Zahncreme**	**101**
5.2.1	Problemstellung	101
5.2.2	Ionisches Fluor	102
5.2.3	Lösliches Fluor	102
5.2.4	Gesamtgehalt an Fluor	103
5.2.4.1	Fluorsensitive Elektrode	103
5.2.4.2	Gaschromatographie	103
5.2.4.3	Molekülabsorptionsspektrometrie	104
5.2.4.4	Bestimmung mit HR-CS-MAS	104
5.2.5	Proben	104
5.2.6	Probenvorbereitung	105
5.2.6.1	HR-CS-MAS	105
5.2.6.2	ISE	106
5.2.6.3	GC-MS	106
5.2.7	Kalibrierung mit HR-CS-MAS	106
5.2.8	Ergebnisse und Diskussion	108
5.2.8.1	Gesamtfluorgehalt und gelöstes Fluor mit HR-CS-MAS	108
5.2.8.2	Vergleich des Gesamtfluorgehalts und der gelösten Fluorkonzentration, bestimmt mit HR-CS-MAS und alternativen Methoden	109

5.3	**Bestimmung des Gesamtgehaltes an Fluor in Blut**	113
5.3.1	Bedeutung	113
5.3.1.1	Ionisches Fluorid	113
5.3.1.2	Gesamtfluorgehalt	113
5.3.1.3	Probenvorbereitung zur Bestimmung des Gesamtfluorgehaltes	114
5.3.2	Bestimmung mit HR-CS-MAS	115
5.4	**Bestimmung von Fluor in Futtermitteln und Sedimenten**	**118**
5.4.1	Bedeutung	118
5.4.2	Bestimmung mit HR-CS-MAS	118
5.4.2.1	Königswasseraufschluss	118
5.4.2.2	Alkalischer Schmelzaufschluss	119
5.4.3	Ergebnisse und Diskussion	120
5.5	**Bestimmung von Fluor mit direkter Feststoff-HR-CS-MAS**	**123**
5.5.1	Vorteile der direkten Feststoff-AAS	123
5.5.2	Kalibrierung	123
5.5.3	Ergebnisse und Diskussion	125
5.6	**Bestimmung von perfluorierten Verbindungen**	**127**
5.6.1	Vorkommen und Verwendung	127
5.6.2	Aufbau und Eigenschaften	127
5.6.3	Verbreitung, Bioakkumulation und Auswirkung auf Organismen	128
5.6.4	Einstufung und Grenzwerte	129
5.6.5	Bestimmungsverfahren und Normung	129
5.6.6	Bestimmung mit HR-CS-MAS in Wasser	130
5.6.6.1	Kalibrierung	130
5.6.6.2	Ergebnisse	131
6	**Zusammenfassung und Ausblick**	**133**

Literaturverzeichnis 135

Abbildungsverzeichnis 149

Tabellenverzeichnis 153

Anhang–Abbildungen 155

Anhang-Tabellen 157

1 Problematik und Zielstellung

Fluor gehört mit einem Anteil von 0,08% an der Lithosphäre [1] zu den am häufigsten vorkommenden Halogenen. Als Folge ihrer hohen Reaktivität kommen die Halogene in der Natur meistens in gebundener Form vor. Fluor im Speziellen existiert nur in gebundener Form. Die häufigsten natürlichen Mineralien sind der Fluorit (CaF_2), auch als Flussspat bekannt, das Kryolith (Na_3AlF_6), sowie der Fluorapatit ($Ca_5(PO_4)_3(OH,F)$) [2]. Pflanzen sind in der Lage Fluor aus dem Boden aufzunehmen. In der Asche von einigen Blatt- und Grassorten findet man bis zu 0,1% Fluor. Durch die pflanzliche Nahrung gelangt das Fluor in den tierischen und letztendlich auch in den menschlichen Organismus. Fluor wird vorwiegend im Apatit der Knochen und Zähne, aber auch im Fleisch angereichert. Weitere Quellen einer Fluoraufnahme für den Menschen sind die natürlichen Fluoridgehalte im Trinkwasser, verschiedene Meeresfische sowie im Rahmen von Kariesprophylaxe verwendete fluoridierte Zahncremes, Speisesalze oder Fluortabletten.

Die Bedeutung einer genauen Gehaltsbestimmung des Elementes Fluor ergibt sich aus seinem zweiseitigen Effekt auf die Umwelt. Einerseits wird es als essenziell für Pflanzen, Tiere und den Menschen betrachtet, ist aber andererseits in hohen Konzentrationen toxisch. Seine potenzielle Toxizität durch lange Fluorexposition und erhöhte Fluoraufnahme durch Wasser und Nahrung mit hohem Fluorgehalt äußert sich in Form von Fluorose, Nieren-, Magen- und Darm- sowie Immuntoxizität [3, 4].

Unter Zufuhr von thermischer Energie neigen Fluorverbindungen zur Abspaltung von Fluorwasserstoff. Als Ergebnis signifikanter Emissionen verschiedener industrieller Prozesse [5] sowie durch die weitverbreitete Verbrennung von Kohle und petro-chemischen Brennstoffen werden beträchtliche Mengen Fluorwasserstoff freigesetzt. Durch Regenwasser wird der Fluorwasserstoff als Fluorid wieder in Lösung gebracht, gelangt in die Flüsse, Seen sowie in das Grund- und Trinkwasser und erhöht den natürlichen Fluoridgehalt im Wasser. Aus diesem Grund müssen mögliche ökologische Auswirkungen durch die Verwendung und Verbrennung von Fluorverbindungen in Betracht gezogen werden.

Durch spezielle Eigenschaften von fluorierten organischen Verbindungen hat sich über die letzten Jahrzehnte eine eigene Sparte in der Chemie – die Fluorchemie – etabliert, deren Entwicklungsstand und Problematik unter anderem in der Gesellschaft Deutscher Chemiker (GDCh) durch eine eigene Arbeitsgruppe repräsentiert wird.

1 - Problematik und Zielstellung

Besonders die poly- und perfluorierten Verbindungen (perfluorinated compounds = PFC) weisen aufgrund herausragender Eigenschaften eine weltweit steigende Verbreitung auf. Die kovalente Bindung zwischen Kohlenstoff und Fluor ist sehr stabil und kann nur unter großem Energieaufwand gelöst werden. Das bedingt einerseits ihre positiven Materialeigenschaften und breit gefächerten Einsatzgebiete, bewirkt aber andererseits, dass diese Verbindungen in der Umwelt kaum oder gar nicht abbaubar sind. Die sich daraus ergebenden Risiken für Mensch und Umwelt durch die zunehmende Anreicherung der PFC's in Wasser, Boden und letztendlich im lebenden Organismus sind momentan noch nicht vollständig abschätzbar und bedürfen weiterer Untersuchungen.

Derzeit ist eine Fluoridanalytik für wässrige Medien durch die Verwendung ionensensitiver Elektroden (ISE) und durch die Ionenchromatographie (IC) weitgehend gegeben. Diese beschränkt sich aber auf die Erfassung von ausschließlich wasserlöslichen ionischen Spezies [6, 7].
Die Erfassung kovalent gebundener und/ oder organischer Fluorverbindungen ist mit diesen beiden Methoden nicht direkt möglich. Die Fluorbestimmung von Feststoffen nach Aufschluss ist problematisch und zum Teil sehr stark fehlerbelastet [8].
Die Bestimmung des Gehaltes an organischen Fluorverbindungen ist nur mit kosten- und zeitintensiver flüssigchromatographischer Analyse mit massenspektrometrischer Detektion (LC-MS) nach Extraktion, Aufreinigung (clean up) und Bestimmung jeder einzelnen Komponenten möglich [9].

Aufgrund der dargestellten physiologischen, toxikologischen und umweltrelevanten Problematik besteht sowohl der Bedarf als auch die Notwendigkeit, eine präzise, empfindliche und robuste Methode zur Fluorbestimmung zu entwickeln, die es ermöglicht, den Fluorgehalt in möglichst vielen Matrices schnell und kostengünstig zu bestimmen.
Zielstellung der durchgeführten Arbeit war es, eine einfache und nachweisstarke Methode zur Bestimmung des Gesamtfluorgehaltes sowohl in flüssigen als auch in festen Proben, in wässrigen und nichtwässrigen Lösungen, für ionisch als auch kovalent gebundenes (organisches) Fluor zu entwickeln, zu optimieren, zu validieren und letztlich an Realproben in verschiedenen Matrices zu prüfen.

2 Theorie und Grundlagen

2.1 Analysenmethoden zur Bestimmung von Fluorid und Fluor

Die Bestimmung von Fluorid ist in der Literatur ausführlich beschrieben und in verschiedenen Übersichtsartikeln dokumentiert [10, 11]. Die Methodenvielfalt erstreckt sich von der klassischen Gravimetrie [12-14], volumetrischen [15], spektralphotometrischen [16-19] bis zu polarographischen [20] Methoden. Die beschriebenen Methoden sind oft störanfällig und teilweise mit hohem manuellem Arbeitsaufwand verbunden. Sie weisen einen nutzbaren Arbeitsbereich im mg L^{-1}- Bereich auf. Aus diesem Grund sind diese Methoden der Fluoridbestimmung eher von historischem Interesse und im modernen Routinelabor kaum noch anzutreffen.

Zur Bestimmung von Fluor und Fluorid werden in der Literatur auch neue instrumentelle analytische Methoden, wie die Kapillarelektrophorese [21], die schnelle Neutronenaktivierungsanalyse [22], die Totalreflexionsröntgenfluoreszenzanalyse (TXRF) [23], die ^{19}F-Kernspinmagnetresonanzspektroskopie (^{19}F-NMR) [24], die ^{19}F-Magnetresonanzspektroskopie (^{19}F-MRS) [25] oder die Photonenaktivierungsanalyse [26] beschrieben. Letztere Methoden sind apparativ aufwändig und in der Anschaffung sehr kostenintensiv. Sie wurden zum Teil für spezifische Anwendungen entwickelt und werden daher nur gelegentlich für spezielle Untersuchungen im Forschungslabor verwendet. Eine Anwendung dieser Analysenmethoden als Routinemethode konnte sich deshalb nicht durchsetzen.

Die in der routinemäßigen Anwendung dominierenden Analysenmethoden zur Bestimmung von Fluorid sind die Verwendung der fluoridionensensitiven Elektrode (F-ISE) [27-29] und die Ionenchromatographie [30]. Aus diesem Grund sollen beide Analysenmethoden im Folgenden näher beschrieben sowie Vor- und Nachteile herausgearbeitet werden.

2.2 Die ionensensitive Elektrode zur Bestimmung von Fluorid

2.2.1 Theorie

Die ionensensitive Elektrode (ISE) ist ein elektrochemischer Sensor, der die Aktivität a einer Ionenart durch potentiometrische Detektion erfasst. Bei der Potentiometrie werden mit Hilfe von Elektroden elektrische Spannungen gemessen [31], die sogenannten Galvanispannungen (Potentiale). Der Zusammenhang wird durch die Nernst-Gleichung beschrieben. Das Halbzellenpotential E ergibt sich entsprechend:

$$E = E^0 + \frac{R \cdot T}{z \cdot F} \cdot \ln[a] \qquad (1)$$

Man benötigt zur Messung zwei Elektroden, die ISE und eine Referenzelektrode. Die tatsächlich zu messende Potentialdifferenz ergibt sich dabei aus der Differenz der beiden Einzelpotentiale:

$$\Delta E = \left[E^0_{\text{Ref}} + \frac{R \cdot T}{z \cdot F} \cdot \ln[a_{\text{Ref}}]\right] - \left[E^0_{F^-} + \frac{R \cdot T}{z \cdot F} \cdot \ln[a_{F^-}]\right] \qquad (2)$$

Das Potential der Referenzelektrode bleibt konstant, währenddessen sich das Potential der ISE in Abhängigkeit von der Aktivität der Fluoridionen a_{F^-} in der Lösung ändert [32]. Die resultierende Spannungsänderung dient als Messgröße zur Konzentrationsbestimmung für Fluorid und kann folgendermaßen ausgewertet werden:

$$E = E' - \frac{2{,}303 \cdot R \cdot T}{F} \cdot \lg[a_{F^-}] \qquad (3)$$

Werden die Konstanten zusammengefasst, ergibt sich die theoretische Elektrodensteilheit S (Nernstfaktor), die für eine Temperatur von 25° C einen Wert von -59,16 mV annimmt.

$$\Delta E = -\frac{R \cdot T}{F} = S \qquad (4)$$

Als Referenz- oder Bezugselektrode verwendet man eine Ag/AgCl-Elektrode (Silberdraht, überzogen mit einer dünnen Schicht AgCl) oder eine Kalomelelektrode (Hg in einer Aufschwemmung von Hg_2Cl_2 = Kalomel) [6].

2.2.2 Aufbau einer F-ISE

Eine typische Messanordnung zur Bestimmung von Fluorid ist in Abb. 1 dargestellt.

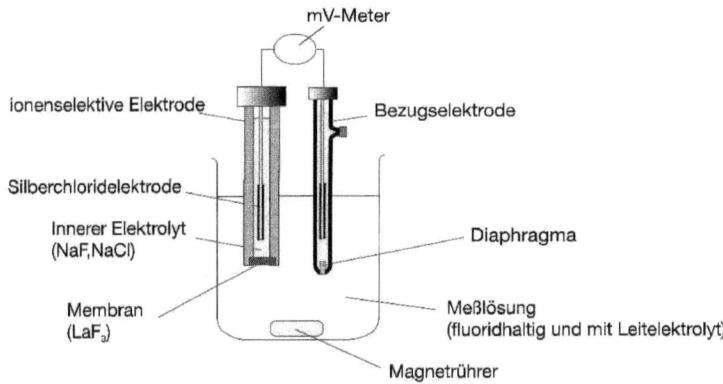

Abb. 1: Schematischer Aufbau einer Messzelle mit ionensensitiver Elektrode für die Fluoridbestimmung [33].

Die Fluorid-ISE ist eine Festkörpermembranelektrode. In Abb. 2 ist der schematische Aufbau einer ionensensitiven Elektrode mit einer Festkörpermembran dargestellt [6].

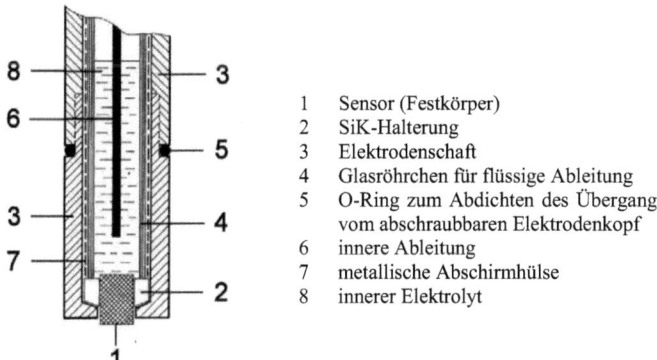

1 Sensor (Festkörper)
2 SiK-Halterung
3 Elektrodenschaft
4 Glasröhrchen für flüssige Ableitung
5 O-Ring zum Abdichten des Übergang vom abschraubbaren Elektrodenkopf
6 innere Ableitung
7 metallische Abschirmhülse
8 innerer Elektrolyt

Abb. 2: Aufbau einer ionensensitiven Elektrode mit einer Festkörpermembran [6].

Ein Elektrodenmaterial bestehend aus 70% Ag_2S, 10% Cu_2S und 20% CaF_2 werden von Somer et al. [28] für die Fluorid-ISE vorgeschlagen. Kommerziell erhältliche Fluorid-ISE bestehen meist aus einem Lanthanfluorid-Einkristall [34]. LaF_3 hat neben einer sehr geringen Löslichkeit auch eine gute Ionenleitfähigkeit und erfüllt mit diesen Eigenschaften die Voraussetzungen, als sensitive Membran verwendet zu werden.

2.2.3 Praktische Anwendung

Beim Eintauchen des Kristalls in eine wässrige Lösung stellt sich in Abhängigkeit von der vorhandenen Fluoridionenaktivität ein Gleichgewicht durch fortwährendes Ablösen und Anlagern von Fluoridionen an die Kristalloberfläche ein und erzeugt ein mit einem hochohmigen Spannungsmessgerät messbares elektrochemisches Potential. Die Signalweiterleitung erfolgt dabei durch im Kristallgitter vorhandene Lücken bzw. Fehlstellen (Schottky-Fehlstellen).
Die Aktivität der Fluoridionen in der Lösung ist von der chemischen Umgebung (Matrix) abhängig. Deshalb muss die Gesamtionenstärke von Kalibrier- und Messlösung annähernd gleich sein [36]. Durch die Zugabe von TISAB-Lösung (**T**otal **I**onic **S**trength **A**djustion **B**uffer), einer Pufferlösung, die eine definierte Ionenstärke und einen optimalen pH-Wert in der Messlösung herstellt, werden diese Messbedingungen gewährleistet.
Der nutzbare Messbereich der F-ISE wird laut [34] und [38] mit 1 bis 10^{-6} mol L^{-1} F^- angegeben. Das entspricht einem Arbeitsbereich von 0,02 mg L^{-1} F^- bis zur Sättigung der Kristalloberfläche der F-ISE. Das zeitliche Ansprechverhalten der Elektrode ändert sich mit der zu messenden Fluoridkonzentration und reicht von wenigen Sekunden für hohe Fluoridkonzentrationen bis zu einigen Minuten nahe der Nachweisgrenze.

2.2.4 Störungen

Die Bestimmung der Fluoridionen mit einer F-ISE ist im Vergleich zu anderen ISE verhältnismäßig selektiv. Allerdings können OH^--Ionen anstelle der Fluoridionen an die Kristalloberfläche der Membran binden und damit Fluorid vortäuschen. Aus diesem Grund muss sehr genau auf die Einhaltung des pH-Wertes ≤ 6 geachtet werden (Abb. 3). Andererseits führen zu niedrige pH-Werte

2.2 - Die ionensensitive Elektrode zur Bestimmung von Fluorid

durch die Bildung von flüchtigem HF und HF_2^- zu Minderbefunden. Pavic et al. [35] empfehlen aus diesem Grund die Einhaltung eines pH-Wertes zwischen 5,2 und 5,5. Die Fluoridbestimmung wird auch durch Komplexbildung gestört. Tokalioglu et al. [37] beschreiben Störungen durch Metallionen (Si^{4+}, Al^{3+}, Fe^{3+}, Mn^{3+}, Mn^{2+}) und organische Verbindungen. Mit Metallionen können sich sowohl positiv als auch negativ geladene Komplexionen bilden (z.B. AlF_2^+, AlF^{2+}, AlF_6^{3-}, FeF_6^{3-}). Da diese Metallionen mit 1,2-Cyclohexandiamin-N,N,N',N'-tetraessigsäure (CDTA), einer Komponente der TISAB-Lösung, stabile Komplexe bilden, können diese Störungen weitgehend beseitigt werden.

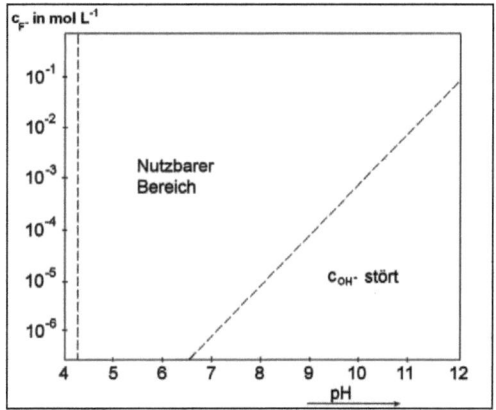

Abb. 3: Abhängigkeit des nutzbaren Messbereiches einer fluoridselektiven Elektrode vom pH-Wert [6].

Die Fluoridaktivität wird aber auch durch andere chemische Reaktionen beeinflusst. Hierzu zählt die Bildung von schwerlöslichen Salzen (z.B. CaF_2). In Folge dessen können fluoridhaltige Niederschläge ausgefällt werden, wodurch die Fluoridionen mit der ISE nicht mehr detektiert werden können. Auch wasserlösliche oder suspendierte organische Verbindungen führen durch Komplexbildung oder Adsorption zu Minderbefunden. Dagegen bleibt für die ISE- Methode als vorteilhaft zu erwähnen, dass eine Ionenbestimmung auch in getrübter, gefärbter oder partikelhaltiger Lösung unproblematisch möglich ist.

Zusammenfassend kann festgestellt werden, dass die F-ISE aufgrund ihrer einfachen und robusten Handhabung sowie der gegenüber alternativen Messmethoden vergleichsweise niedrigen Anschaffungskosten einen festen Platz in der Analytik wässriger Proben hat. Trotz Störanfälligkeiten bezüglich hoher und niedriger pH-Werte sowie hoher Störionenkonzentrationen, die teilweise durch die Methode der Standardaddition behoben werden können [39], ist die F-ISE eine der am häufigsten verwendeten Methoden zur Fluoridbestimmung im Routinelabor. Als nachteilig zu erwähnen bleibt die Begrenzung auf wässrige Medien und die Erfassung von ausschließlich ionischen Spezies, die eine Bestimmung kovalent oder organisch gebundener Fluorverbindungen ausschließt.

2.3 Die Ionenaustausch-Chromatographie zur Bestimmung von Fluor

2.3.1 Theorie

Unter dem Namen Ionenchromatographie werden heute drei verschiedenen Trennmethoden zusammengefasst:

- Ionenaustausch-Chromatographie
- Ionenpaar-Chromatographie
- Ionenausschluss-Chromatographie

Im Rahmen dieser Arbeit soll zur Bestimmung von Fluorid nur die Ionenaustausch-Chromatographie (IC) betrachtet werden. Die Ionenaustausch-Chromatographie ist ein physikalisch-chemisches Analysenverfahren zur flüssigkeitschromatographischen Trennung von Ionen auf Basis eines Ionenaustausches [40].
Der Trenneffekt beruht auf dem Ionenaustausch zwischen zwei Phasen - der stationären, festen Phase und der mobilen, flüssigen Phase. Grundlage der chromatographischen Trennung ist die Ausbildung eines Ionenaustauschgleichgewichtes zwischen mobiler und stationärer Phase. Die Trennung der Anionen wird durch deren unterschiedliche Affinität zur stationären Phase bestimmt. Ein Maß für die Affinität eines Anions zur stationären Phase des Anionenaustauschers ist der Selektivitäts-Koeffizient K [7] entsprechend Gleichung 5.

$$K = \frac{c(A_s)}{c(A_m)} \cdot \frac{c(E_m)}{c(E_s)} \qquad (5)$$

$c(A_s)$ Konzentration des Probenanions A in der stationären Phase
$c(A_m)$ Konzentration des Probenanions A in der mobilen Phase
$c(E_s)$ Konzentration des Eluentanions E in der stationären Phase
$c(E_m)$ Konzentration des Eluentanions E in der mobilen Phase

Nur wenn sich die Selektivitätskoeffizienten der einzelnen Komponenten hinreichend voneinander unterscheiden, können entsprechende Ionen erfolgreich getrennt werden. Bei einem hohen Selektivitätskoeffizient wird die entsprechende Komponente stärker und zeitlich länger zurückgehalten als bei Komponenten mit einem kleinen Selektivitätskoeffizient. Die Darstellung

2 - Theorie und Grundlagen

des zeitlichen Zusammenhangs der Trennung auf der Säule erfolgt im Chromatogramm. Dazu wird das Signal eines Durchflussdetektors am Ende der Trennstrecke (Säulenausgang) als Funktion der Verweilzeit (Retentionszeit t_R) aufgezeichnet. Das Detektorsignal liefert einen Peak im Chromatogramm und ist der Analytkonzentration proportional.

Die Güte der chromatographischen Trennung wird durch die Auflösung R nach Gleichung 6 definiert. Dabei werden nicht nur die relativen Lagen der Peaks zueinander berücksichtigt, sondern auch ihre Basisbreiten (w) oder Halbwertsbreiten ($b_{0,5}$).

$$R = \frac{t_{R2}-t_{R1}}{\frac{(w_1-w_2)}{2}} = \frac{2 \cdot \Delta t_R}{w_1-w_2} = 1{,}198 \cdot \frac{2 \cdot \Delta t_R}{b_{(0,5)1}-b_{(0,5)2}} \qquad (6)$$

Geht man im Chromatogramm von einer idealen Peaksymmetrie aus, können bei $R = 0{,}5$ noch zwei Stoffe identifiziert werden. Zur qualitativen Trennung sollte $R = 1$ sein (4σ-Trennung). Für eine quantitative Trennung wird $1{,}2 \leq R \leq 1{,}5$ angestrebt, denn für $R \geq 2$ (8σ-Trennung) würden sich unerwünscht lange Analysenzeiten ergeben.

2.3.2 Aufbau, Trennsäulen und Eluenten

In der Ionenchromatographie werden als Trennsäulengerüst überwiegend organische Polymere (z.B. Polystyrol/Divinylbenzol-Copolymer [41]) als Trägermaterial eingesetzt. Sie bieten den Vorteil einer guten pH-Stabilität. Das verwendete Harz trägt eine funktionelle Gruppe mit einer fixierten Ladung, wie quartären Ammoniumbasen und Sulfonatgruppen [42]. Das entsprechend entgegengesetzt geladene Ion befindet sich im Eluent.

Man unterscheidet prinzipiell zwei unterschiedliche Arten von stationären Phasen – oberflächenfunktionalisierte und pellikulare. Bei oberflächenfunktionalisierten Ionenaustauschern befindet sich die funktionelle Gruppe direkt an der Oberfläche oder in den Poren des Polymers. Im Gegensatz dazu sind bei pellikularen Packungsmaterialien die oberflächenfunktionalisierten Partikel an größere Kernteilchen gebunden, wie in Abb. 4 dargestellt.

2.3 - Die Ionenaustausch-Chromatographie zur Bestimmung von Fluor

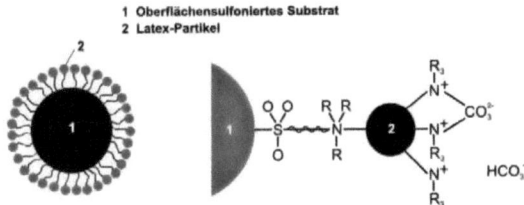

Abb. 4: Aufbau eines pellikularen Ionenaustauschers [42].

Für die Fluoridbestimmung mit IC werden überwiegend schwache Anionenaustauscher eingesetzt. Meistens wird eine quartäre Ammoniumgruppe als Austauschfunktion verwendet [41]. Die zu bestimmenden Anionen in der Probe verdrängen entsprechend ihrer Affinität zur stationären Phase die Anionen des Eluenten kurzzeitig, was sich im Chromatogramm als kürzere oder längere Retentionszeit darstellt. Als Eluent wird eine Hydrogencarbonat-/ Dicarbonatpufferlösung [43], Phthalsäure/ Acetonlösung [41] aber auch Natriumhydroxidlösung [44, 45] eingesetzt.

Als Detektor in der IC finden UV/VIS-, amperometrische und Fluoreszenzdetektoren mit und ohne Nachsäulenderivatisierung Anwendung [7].

2.3.3 Suppressortechnik

Prinzipiell unterscheidet man IC mit und ohne Suppression. Die IC ohne Suppression wird auch als Einsäulentechnik bezeichnet und findet Anwendung für Austauscher geringer Kapazität und relativ schwach dissoziierter Eluenten (z.b. Phthalsäure-Eluent [42]). Für die Fluoridbestimmung mit IC wird meistens ein Leitfähigkeitsdetektor mit Suppressorsystem eingesetzt [43, 44]. Die Aufgabe eines Suppressorsystems ist es, die Grundleitfähigkeit des Eluenten vor dem Eintritt in den Detektor zu erniedrigen, um damit ein verbessertes Signal-zu-Untergrund-Verhältnis zu erreichen. Im einfachsten Fall besteht die Suppressoreinheit aus einer zweiten nachgeschalteten Trennsäule, die Kationenaustauscherharze enthält und mit Protonen beladen ist. In Abb. 5 ist die Neutralisationsreaktion in einem selbstregenerierenden Suppressor für die Anionenaustausch-Chromatographie schematisch dargestellt [7].

2 - Theorie und Grundlagen

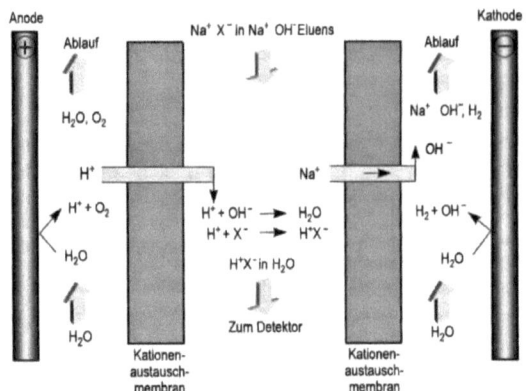

Abb. 5: Neutralisationsreaktion in einem selbstregenerierenden Suppressor für die Anionenaustausch-Chromatographie [7].

Bei dem Eluent Natriumbicarbonat werden die Natriumionen durch einen stark sauren Kationenaustauscher in die H^+- Form überführt [46]. Die Neutralisation des Eluenten $NaHCO_3$/ Na_2CO_3 erfolgt entsprechend Gleichung 7 und 8. Der Analyt F^- wird entsprechend Gleichung 8 nicht verändert.

$$R\text{-}SO_3^-H^+ + Na^+ + HCO_3^- \rightleftharpoons R\text{-}SO_3^-Na^+ + H_2O + CO_2 \quad (7)$$

$$R\text{-}SO_3^-H^+ + Na^+ + F^- \rightleftharpoons R\text{-}SO_3^-Na^+ + H^+ + F^- \quad (8)$$

Da das H^+-Ion aber eine deutlich höhere Leitfähigkeit im Vergleich zum Na^+-Ion hat, und der Detektor die Summe der Leitfähigkeiten als Signal registriert, ergibt sich ein deutlicher Empfindlichkeitsgewinn.

2.3.4 Nachteile der IC mit Suppressortechnik

Trotz bedeutender Vorteile hat die Suppressortechnik in der Praxis auch entscheidende Nachteile. Die klassischen Suppressorsäulen enthalten beträchtliche Mengen Ionenaustauschharz, um genügend Austauschkapazität zur Verfügung zu stellen. Sie führen dadurch aber auch zu einer beträchtlichen Signaldispersion und -verbreiterung [47].

2.3 - Die Ionenaustausch-Chromatographie zur Bestimmung von Fluor

Die Suppressortechnik ist einerseits nur auf Eluenten anwendbar, die auf Alkalihydroxiden oder Carbonaten basieren und sich so auch erfolgreich suppressieren lassen. Dadurch wird die Auswahl an potenziellen mobilen Phasen eingeschränkt. Andererseits liegt Fluorid als Anion einer schwachen Säure nach der Suppressorreaktion praktisch vollständig protoniert vor, so dass auch die Detektierbarkeit durch sehr kurze Retentionszeiten wesentlich herabgesetzt ist [46].

Zur Analyse mit IC muss die zu untersuchende Probe „sauber", vor allem partikelfrei, sein. Zum Schutz der teuren Trennsäule wird deshalb eine entsprechende Vorreinigung mittels Filtration durch einen 0,22 µm- oder 0,45 µm-Filter durchgeführt [7] oder es wird eine preiswertere Vorsäule zusätzlich verwendet. Man erkauft sich diese Kostenersparnis jedoch dann mit um ca. 20% verlängerten Retentionszeiten.

Die Nachweisgrenzen für die Fluoridbestimmung mit der IC liegen in Abhängigkeit von Säule, Eluent, Detektor und den jeweiligen experimentellen Bedingungen zwischen 0,8-30 µg L^{-1} F^- [30, 43- 45].

Zusammenfassend kann festgestellt werden, dass der Vorteil der simultanen Bestimmung mehrerer Anionen mit der IC wegen notwendiger Kompromisse, bei Einbeziehung von Fluorid zu den zu bestimmenden Anionen, teilweise verloren geht. Die Auswahl an Säule und Eluent stellt ein Kompromiss zwischen Analysengeschwindigkeit, Flexibilität und Nachweisvermögen dar. Abschließend soll nochmals betont werden, dass auch die Bestimmung von Fluorid mit der IC ausschließlich auf ionische und wasserlösliche Fluorspezies beschränkt ist.

2.4 Spektroskopische Methoden zur Bestimmung von Fluor

2.4.1 Problematik der direkten spektroskopischen Methoden

Fluor ist mit einem Elektronegativitätswert von ENW = 4,0 das elektronegativste Element im Periodensystem. Es ist eine Ionisationsenergie von 17,42 eV [48] notwendig, um ein erstes Elektron aus der Elektronenhülle von Fluor zu entfernen. Diese Energie wird unter normalen Analysenbedingungen im Argonplasma kommerzieller ICP-MS nicht erreicht. Okamoto [49] konnte die Ionisationseffizienz des Plasmas durch Kopplung des ICP-MS mit einer ETV (elektothermische Verdampfung) erhöhen. Er bestimmte Fluor in wässrigen Proben, indem er die ansonsten vom Plasma aufzubringende Energie für die Probentrocknung auf die ETV verlagerte.

Auch die Energie zur Anregung eines Fluoratoms zur Absorption oder Emission von Licht ist so hoch, dass diese Resonanzwellenlängen im Vakuum-UV unter 100 nm liegen. Dieser Messbereich ist weder der AAS noch der ICP-OES zugänglich und macht eine direkte Nutzung auch dieser in der Routineanalytik häufig verwendeten spektroskopischen Techniken für die Fluorbestimmung unmöglich.

2.4.2 Indirekte spektroskopische Methoden

In der Literatur sind deshalb nur einige indirekte spektroskopische Methoden beschrieben. Kovacs et al. [50] stellen eine Methode vor, die auf der Ausfällung von schwerlöslichem LaF_3 beruht. Dazu wird ein La- Salz der Analysenlösung im Überschuss zugegeben und das nicht ausgefallene La anschließend mit Hilfe der ICP-OES bestimmt. Die ermittelte Nachweisgrenze ist mit 1,4 mg L^{-1} F allerdings relativ hoch.

Auch Kavlentis [19] beschreibt eine indirekte Methode zur Fluoridbestimmung im mg L^{-1}-Bereich, bei der die Eigenschaft von Fluorid ausgenutzt wird, die Bildung eines roten Nitrophenylhydrazon-Komplexes zu stören. Nach Maskierung des Fluorids mit einem Überschuss an Al^{3+} wird die Konzentrationsbestimmung des überschüssigen Al^{3+} mit AAS zur Quantifizierung der ursprünglich in der Probe vorhandenen Fluoridkonzentration genutzt.

2.4 - Spektroskopische Methoden zur Bestimmung von Fluor

Eine weitere Arbeit basiert auf einem unterdrückenden bzw. fördernden Einfluss von Fluorid auf die Atomabsorption von Mg in der Acetylen/ Luft-Flamme und von Zr in der Acetylen/ Lachgas-Flamme [51]. Die beschriebenen Methoden sind allerdings störanfällig, da die signalbeeinflussenden Effekte nicht nur fluoridselektiv sind.

2.4.3 Molekülabsorptionsspektrometrie

Einen anderen Ansatz zur Bestimmung von Fluor haben Tosunda et al. und Dittrich et al. verfolgt (Abschnitt 2.5, Seite 22 ff.). Sie haben die klassische AAS genutzt, um mit Hilfe der Molekülabsorption Fluorgehalte zu bestimmen. Diese grundlegenden Arbeiten waren Basis der in dieser Arbeit vorgestellten und weiterentwickelten Bestimmungsmethode für Fluor. Aus diesem Grund wird die Molekülabsorptionsspektrometrie (MAS) in Abschnitt 2.5, Seite 22 ff. ausführlich beschrieben.

Die vorgestellten Methoden haben eine relativ hohe Störanfälligkeit, insbesondere durch andere Halogenidionen. Auch die teilweise sehr hohen Bestimmungsgrenzen sind Ursache, dass sich diese Bestimmungsverfahren in der analytischen Praxis nicht durchsetzen konnten.

2.5 Molekülabsorptionsspektrometrie mit AAS

2.5.1 Grundlegende Untersuchungen

Wie bereits unter Abschnitt 2.4.3, Seite 21 erwähnt, beschäftigte sich die Leipziger Arbeitsgruppe um Prof. Dittrich seit Ende der 70iger-Jahre intensiv mit der Nutzung der Molekülabsorption für die analytische Bestimmung von Fluor und anderen Nichtmetallen. In einem Graphitrohr wurden einfache zweiatomige GaX- und InX- Moleküle verdampft, deren Molekülabsorption gemessen und starke Absorptionsbanden bestimmt [62]. Im Weiteren wurde die Möglichkeit der Bestimmung von Fluoridspuren durch Molekülabsorption von AlF, GaF, InF und TlF [63, 64] sowie von MgF [65] untersucht.
Ähnliche Untersuchungen zu Monohalogeniden von Al, Ga und In führten auch Tsunoda et al. [66] durch. Als das empfindlichste, stabilste und damit erfolgversprechendste Molekül wurde von beiden Arbeitsgruppen AlF favorisiert. Diese Aussage wird gestützt durch die etwas höhere Dissoziationsenergie von 6,85 eV für AlF im Gegensatz zu 6,1 eV für GaF [66]. Auf der Molekülabsorption von AlF basierend, konnten bereits Nachweisgrenzen im ng-Bereich bestimmt werden [67]. Nach Extraktion von Fluoridspuren mit Triphenylantimon-V-dihydroxid wurde eine absolute Nachweisgrenze von 0,3 ng F bestimmt [68]. Die derzeitigen Erkenntnisse zur Emission, Absorption und Fluoreszenz von kleinen Molekülen in der Gasphase wurden in einem umfassenden Review-Artikel von Dittrich und Townshend [69] zusammengefasst. In den folgenden Jahren wurden trotzdem nur einige wenige praktische Anwendungen zur Bestimmung von Fluor mit AlF-MAS, wie z.B. die Bestimmung von Fluor in Milch [70], in Knochen [71], im Blutserum [72] als auch in komplexen Flüssigkeiten [73] beschrieben.

2.5.2 Gerätetechnik

Die Molekülabsorption von AlF wurde auf einer Wellenlänge von 227,6 nm mit Hilfe einer Wasserstoff-Hohlkathodenlampe (HKL) als kontinuierlich emittierende Strahlungsquelle bestimmt. Die Untergrundkorrektur wurde nach der Zwei-Linien-Methode mit einem Zweikanalspektrometer auf einer Wellenlänge von 226,45 nm [64, 67, 68, 74] durchgeführt. In allen anderen Untersuchungen wurde ein klassisches AAS mit Deuteriumuntergrundkompensation sowie eine

Pt-HKL als Strahlungsquelle verwendet. Die Pt-HKL emittiert in ihrem Emissionsspektrum auch eine Linie, die mit der gewünschten AlF-Molekülabsorptionsline zufällig zusammenfällt und somit zur analytischen Nutzung mit der MAS verwendet werden kann.

2.5.3 Fortführende Untersuchungen

Erst in den 90iger-Jahren wurden von Butcher [76] und von Gilmutdinov et al. [77] mit theoretischen Untersuchungen zur Bildungsdynamik von Tl, In, Ga und Al- Atomen und deren Molekülen im Graphitrohrofen weitere Arbeiten durchgeführt, um Nichtmetalle wie Fluor mit MAS zu bestimmen. Ende der 90iger-Jahre beschäftigten sich auch Daminelli et al. [78] und Katskov et al. [79] erneut in einer dreiteiligen Arbeit mit Grundlagen zur analytischen Nutzung der Molekülabsorption von Alkalihalogenen [78] und Erdalkalifluoriden [79]. Bei diesen Untersuchungen wurden die vollständigen Absorptionsspektren durch Einsatz eines CCD-Spektrometers im Wellenlängenbereich von 200-475 nm aufgenommen.

In einer Arbeit aus dem Jahr 2007 von Flores et al. [80] wird die Bestimmung von Fluor auf der Grundlage von Aluminiummonofluorid-MAS mit der direkten Feststoffgraphitrohrofen-AAS beschrieben.

Wie im folgenden Abschnitt 2.6, Seite 26 näher erläutert wird, besitzen die Elektronenanregungsspektren zweiatomiger Moleküle eine ausgeprägte Rotationsfeinstruktur [75], die mit dem klassischen AAS nicht ausreichend aufgelöst werden kann. Aus diesem Grund kommt es zu spektralen Interferenzen und Fehlern bei der Untergrundkorrektur, die Ursache ist für den geringen Erfolg der MAS mit dem klassischen AAS.

Zusammenfassend kann festgestellt werden, dass ein wirklicher Durchbruch der analytischen Bestimmung von Fluor mit MAS zu diesem Zeitpunkt noch nicht erreicht wurde. Die Ursachen sind begründet im apparativen Entwicklungsstand der klassischen Atomabsorptionsspektrometer, in der Verfügbarkeit entsprechender Strahlungsquellen und in den Limitierungen der Untergrundkorrektur.

2.5.4 Molekülabsorptionsspektrometrie mit hochauflösendem Kontinuumstrahler-AAS

Erst in den letzten Jahren wurde mit der Entwicklung und der kommerziellen Verfügbarkeit von hochauflösenden Kontinuumstrahler-AAS (HR-CS-AAS) ein neuer Ansatz zur Bestimmung von Nichtmetallen möglich [81, 82].

Mit einem Flammen-AAS wurden Untersuchungen zur Bestimmung von Schwefel [83-85], Phosphor [86, 87] als auch Halogenen wie Fluor [88] und Chlor [89] durchgeführt. Später folgten Methodenvorschläge zur Bestimmung von Phosphor [90, 91], Stickstoff [92] und den Halogenen [93] Fluor, Chlor und Brom [94] sowie Iod [95] mittels Graphitrohrtechnik und HR-CS-AAS. Welz [96] fasste in einem Review-Artikel den derzeitigen Entwicklungsstand zur Bestimmung von Nichtmetallen zusammen.

Mit den Erkenntnissen der grundlegenden Untersuchungen zur MAS und den neuen apparativen Bedingungen durch die Einführung und die kommerzielle Verfügbarkeit der HR-CS-AAS sind die Voraussetzungen gegeben, um nun auch Analysenmethoden für die Bestimmung verschiedener Nichtmetalle wie Fluor zu entwickeln, die sich in der analytischen Praxis routinemäßig bewähren und durchsetzen können.

2.5.5 Bestimmungsverfahren für Fluor in festen Proben

Die meisten bisher beschriebenen Methoden werden für wässrige Systeme zur Bestimmung von ionischen Fluorspezies eingesetzt und gewährleisten ausreichend gute Messergebnisse. Mit dem Wechsel zu einer festen Analysenmatrix als auch zu Verbindungen, die kovalent oder organisch gebundenes Fluor enthalten, wird eine deutlich aufwändigere Probenvorbereitung notwendig. Ziel dieser erforderlichen, vorgelagerten Schritte ist die Zerstörung und Überführung der nicht erfassbaren Bindungsformen in eine wässrige Lösung und in eine detektierbare, also meistens ionische Form.

Gutsche et al. [52] beschreiben eine indirekte Fluorbestimmungsmethode, bei der das Fluorid durch Zugabe von Schwefelsäure als gasförmiges SiF_4 aus der festen Probe ausgetrieben und anschließend in der Flamme oder dem Graphitrohr als Si mit der AAS bestimmt wird.

2.5 - Molekülabsorptionsspektrometrie mit AAS

Am häufigsten in der Literatur wird jedoch die Pyrohydrolyse zum Aufschluss fester Proben beschrieben. Dabei wird Fluor in Form von Fluorwasserstoff aus der Probe unter Zuhilfenahme von Wasserdampf und thermischer Energie ausgetrieben, in Wasser aufgefangen und entsprechend den bereits beschrieben Methoden (Abschnitt 2.2-2.3, Seite 10-19) detektiert. Auf diese Weise wurde Fluor in Kohle [53], Aluminiumsilikaten [54], biologischen [55, 56] und geologischen [56, 57] Matrices analysiert. Für die Fluorbestimmung in aromatischen Kohlenwasserstoffen [58] sowie in Graphit und Kohlenstoff [59] wurde dieses Verfahren unter Einbeziehung von Sauerstoff zur Oxidation und anschießender Detektion mit IC (combustion ion chromatography) als ASTM- Norm festgeschrieben.

Alternativ wurde zur Bestimmung des Gesamtgehaltes an Fluor in festen und flüssigen Proben eine Abtrennung des Fluors durch die Bildung einer flüchtigen Fluorverbindung mit Hexamethyldisiloxan und anschließender potentiometrischer Detektion vorgeschlagen [60] (Diffusionsmethode). Im Iran wurde diese Methode zur Bestimmung des Fluorgehaltes in Wasser und Lebensmitteln verwendet [61].

Einen guten Überblick über verschiedene Bestimmungsmöglichkeiten von Fluor in festen und flüssigen Proben wird von Campbell [8] gegeben. Vor- und Nachteile der Abtrennung durch Diffusion, Destillation, Extraktion und Pyrohydrolyse werden diskutiert. Letztendlich wird die vorgelagerte Abtrennung als sehr fehlerbehaftet angesehen. Eine Anwendung auf neue Matrices muss durch entsprechende Referenzverfahren kritisch überprüft und abgesichert werden.

Zur Bestimmung von Fluor in festen Proben stehen keine einfachen und direkten Bestimmungsmethoden zur Verfügung. Für die Anwendung der ISE- und IC-Methoden ist eine vorgelagerte, aufwändige und z.T. fehlerbehaftete Probenvorbereitung zur Abtrennung und Überführung des Analyten in eine wässrige Lösung erforderlich.

2.6 Grundlagen der Molekülabsorptionsspektrometrie

Bei der Anwendung von F AAS oder GF AAS liegen die Atomisierungstemperaturen typischer Weise im Bereich von 2000-3000 °C [96]. Durch diese thermische Energie wird die Dissoziationsenergie der meisten Molekülbindungen überschritten, sodass vorwiegend zweiatomige und nur wenige dreiatomige Moleküle eine ausreichend hohe Bindungsenergie haben, um nicht zu dissoziieren. Aus diesem Grund sollen sich die folgenden Betrachtungen ausschließlich auf zweiatomige Moleküle in der heißen Gasphase beschränken.
Molekülspektren spiegeln unterschiedliche Molekülzustände wider, die durch die Aufnahme von diskreter Energie der Elektronen in den Molekülorbitalen entstehen [97]. Durch die höhere Zahl an Freiheitsgraden der zweiatomigen Moleküle, im Vergleich zum einzelnen Atom, besteht zusätzlich die Möglichkeit zu Vibration und Rotation, wodurch die Zahl der möglichen Übergänge deutlich höher ist. Aus diesem Grund sind Molekülspektren verglichen mit Atomspektren viel linienreicher und erstrecken sich über einen relativ breiten Wellenlängenbereich [75].
Prinzipiell gibt es drei Übergänge in Molekülen:

- Elektronenübergänge
- Schwingungsübergänge
- Rotationsübergänge

Elektronenübergänge basieren auf der Coulomb-Wechselwirkung, während es sich bei Schwingungs- und Rotationsübergängen um innere Bewegungen um den Kern handelt. Das Molekülspektrum besteht aus einer Zahl häufig voneinander getrennter Gruppen, von sogenannten Banden, dem Bandensystem. Jede Bande dieses Bandensystems besteht aus einer größeren Zahl von Linien, den Bandenlinien.

2.6.1 Elektronenanregungsspektren

Die Lage eines Bandensystems im Spektrum wird durch die Elektronenanregung bestimmt. Alle Banden eines Bandensystems gehören zu dem gleichen Elektronenübergang.
Im Grundzustand eines Moleküls sind die Atomkerne des Moleküls im Gleichgewicht und die Elektronen beider Atome bilden ein gemeinsames Molekülorbital. Durch Aufnahme von Energie aus der Gasphase wird dieses Gleichgewicht gestört und das Molekül beginnt zusätzlich zu

schwingen oder zu rotieren [75]. Das heißt, in der heißen Gasphase des Atomisators im AAS wird dieser diskrete Elektronenübergang zusätzlich durch Schwingungs- und Rotationsübergänge überlagert. Das führt zur Ausbildung einer ausgeprägten Feinstruktur der Energiespektren, wie beispielhaft in Abb. 6 für das PO-Molekül zu erkennen ist.

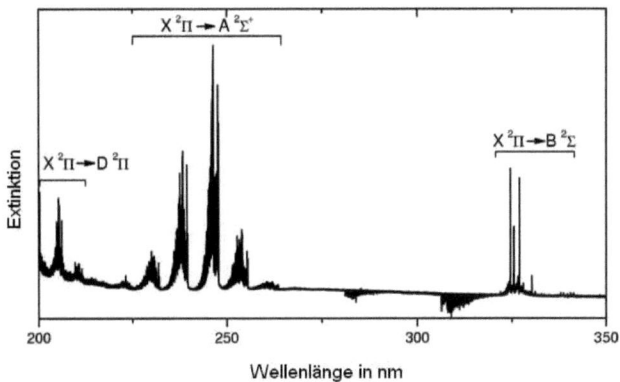

Abb. 6: Elektronenanregungsspektrum des PO-Moleküls in einer AAS-Flamme erzeugt [75].

Die eigentliche Energieaufnahme für die Anregung von Elektronenübergängen in Molekülen ist vergleichbar mit der von Atomen. Sie bewegt sich in einem Bereich von wenigen eV und bezieht sich ebenso wie bei Atomübergängen auf den Grundzustand des Moleküls. Aus diesem Grund liegen auch die Elektronenübergangsspektren von Molekülen im gleichen für die AAS typischen Wellenlängenbereich von 190-900 nm [75].

Die Gesamtenergie des Moleküls kann mit Gleichung 9 beschrieben werden.

$$E_{tot} = E_{el} + E_{vib} + E_{rot} \quad (9)$$

Dabei gilt folgende Aussage entsprechend Gleichung 10:

$$E_{el} \gg E_{vib} \gg E_{rot} \quad (10)$$

2.6.2 Schwingungsspektren

Für zweiatomige Moleküle ist die einzig mögliche Art der Schwingung die Stauchung und Dehnung der linearen Kernachse beider Atome wie in Abb. 7 schematisch dargestellt ist.

2 - Theorie und Grundlagen

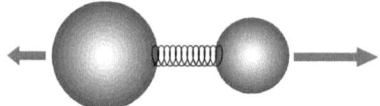

Abb. 7: Schwingungsfreiheitsgrade eines zweiatomigen Moleküls durch Stauchung und Dehnung [75].

Wird eine reine harmonische Schwingung der Atomkerne angenommen, kann der Zusammenhang entsprechend Gleichung 11 beschrieben werden.

$$E_{vib} = h\nu \left(v + \frac{1}{2}\right) \quad \text{mit } v = 0, 1, 2, \ldots \tag{11}$$

v Schwingungsquantenzahl

Aus Gleichung 11 wird ersichtlich, dass der Linienabstand um den Betrag hν gleich verteilt ist. Der Betrag von hν ist von der Art der Atomkerne und der Bindungsstärke des Moleküls abhängig.

Als allgemeine Auswahlregel für Schwingungsübergänge gilt, dass sich das Dipolmoment unter Absorption von Energie während der Schwingung ändern muss [97]. Entsprechend muss Gleichung 12 gelten:

$$\Delta v = v(A) - v(X) = 0, 1, 2, \ldots \tag{12}$$

Der für einen Elektronenübergang von X nach A entsprechende Schwingungsübergang $v(X) \rightarrow v(A)$ wird, wie bereits erwähnt, als Bande bezeichnet und verschiedene Banden mit gleichem Δv als Sequenz. Die Änderung der Schwingungsenergie im Anfangs- und Endzustand bestimmt dementsprechend die Lage der Bande im Bandensystem [98]. Die Übergangswahrscheinlichkeit nimmt mit steigenden Δv ab. Aus diesem Grund und der relativ niedrigen Energie von etwa 0,2 eV, die in den Atomisatoren der AAS thermisch erzeugt wird, beobachtet man vorwiegend Übergänge mit $\Delta v = 0$ oder sehr kleinen Werten. Nur diese Schwingungszustände können hinreichend besetzt werden [75].

In Abb. 8 ist das Schwingungsspektrum für einen konkreten Elektronenübergang des PO-Moleküls als Beispiel dargestellt.

2.6- Grundlagen der Molekülabsorptionsspektrometrie

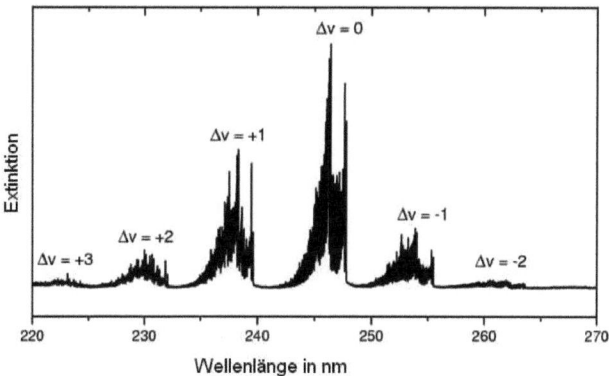

Abb. 8: Schwingungsspektrum eines PO-Moleküls mit äquidistantem Abstand für einen Elektronenübergang [75].

2.6.3 Rotationsspektren

Für zweiatomige Moleküle ist die Rotationsbewegung, wie aus Abb. 9 ersichtlich, auf eine Achse senkrecht (perpendikular) zur längsgerichteten (longitudinal) Achse beschränkt. Die Rotationsenergie wird durch die Rotationsquantenzahl J entsprechend Gleichung 13 bestimmt.

$$E_{rot} = B \cdot J(J+1) \quad \text{mit } J = 0, 1, 2, \ldots \quad (13)$$

J Rotationsquantenzahl
B Rotationskonstante

Die Rotationsenergie für zweiatomige Moleküle beschränkt sich damit auf ganzzahlige Vielfache der Rotationskonstanten B. Im Gegensatz zur Schwingung sind die Rotationszustände nicht gleichmäßig verteilt, sondern zeigen eine quadratische Zunahme mit steigender Rotationsquantenzahl.

2 - Theorie und Grundlagen

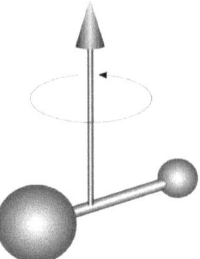

Abb. 9:   Schematische Darstellung der Rotationsbewegung von zweiatomigen Molekülen [75].

Da entsprechend Gleichung 10 die Rotationsenergie sehr viel niedriger ist als die Schwingungsenergie, ist jeder Schwingungsübergang durch eine Vielzahl von Rotationsübergängen charakterisiert und verfügt dadurch über eine ausgeprägte Substruktur. In Abb. 10 ist ein derartiges Rotationsspektrum dargestellt.

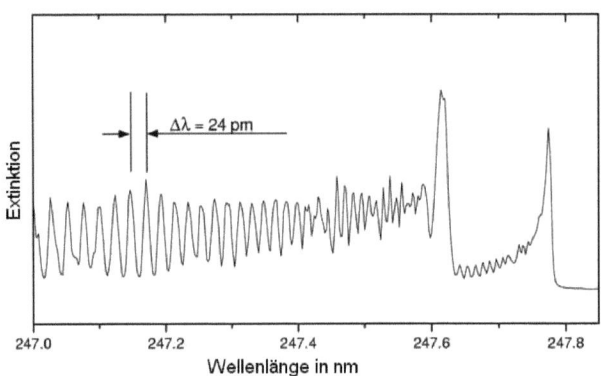

Abb. 10:   Rotationsspektrum einer PO-Schwingungsbande des PO-Moleküls [75].

Die Rotationsenergie ist so gering, dass sie in Form von thermischer Energie durch den Atomisator des AAS in ausreichender Größe zur Verfügung steht. Betrachtet man den Abstand zwischen zwei Rotationslinien, so liegt dieser im pm-Bereich. Die Linienbreite einer Rotationslinie beläuft sich auf etwa 10 pm, einer Linienbreite, die etwa auch der von Atomlinien entspricht.

2.6- Grundlagen der Molekülabsorptionsspektrometrie

Grundlage der MAS ist die Fähigkeit der Elektronen, in den Molekülorbitalen diskrete Energie aufzunehmen. Im Vergleich zu Atomspektren sind die resultierenden Molekülspektren durch die höhere Zahl an Freiheitsgraden des Moleküls gegenüber einem einzelnen Atom viel linienreicher (durch die Möglichkeit zu Vibration und Rotation ergeben sich zusätzlich Schwingungs- und Rotationsübergänge).

2.7 Aufbau und Funktion eines HR-CS-AAS

Mit einem Spektrometer entsprechender Auflösung und einer Strahlungsquelle, die über den gesamten in der AAS nutzbaren Wellenlängenbereich emittiert, ist eine analytische Nutzung der Molekülabsorptionsspektren möglich. Im Folgenden sollen der Aufbau und die Funktion eines solchen hochauflösenden Spektrometers mit kontinuierlicher Strahlungsquelle (HR-CS-AAS) beschrieben werden.

Da das derzeit einzige, kommerziell erhältliche Gerät von Analytik Jena AG angeboten wird und diese Arbeit mit einem solchen contrAA® 700 durchgeführt wurde, beziehen sich die folgenden Aussagen ausschließlich auf dieses Gerät.

Prinzipiell entspricht der Aufbau eines HR-CS-AAS dem eines klassischen Linienstrahler-Atomabsorptionsspektrometers (LS-AAS). Der Geräteaufbau besteht aus den folgenden typischen Baugruppen des AAS:

- Strahlungsquelle
- Atomisator
- Spektrometer
- Detektor

2.7.1 Strahlungsquelle

In der HR-CS-AAS wird die elementspezifische Strahlungsquelle der klassischen AAS, die Hohlkathodenlampe (HKL), durch eine einzige Strahlungsquelle, einen Kontinuumstrahler, ersetzt. In Abb. 11 ist die Xenon-Kurzbogenlampe des contrAA® 700 als Beispiel für eine konti-nuierliche Strahlungsquelle dargestellt. Die Xe-Lampe emittiert über den gesamten Wellenlängenbereich von 189-900 nm mit sehr hoher Strahlungsdichte. Auf diese Weise wird eine lückenlose Nutzung des genannten Spektralbereiches gewährleistet. Das bedeutet, es können alle interessierenden Analysenlinien ohne Einschränkungen für analytische Zwecke genutzt werden [100].

2.7- Aufbau und Funktion eines HR-CS-AAS

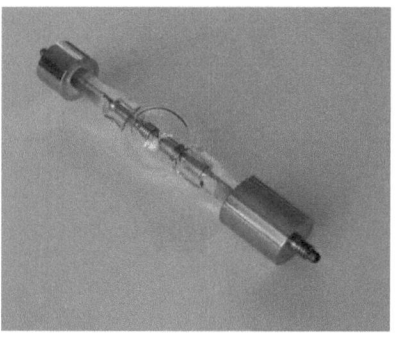

Abb. 11: Xenon-Kurzbogenlampe des contrAA® [99].

Im Vergleich zu LS-AAS stehen sowohl die Resonanzwellenlänge in deutlich höherer spektraler Strahlungsstärke (Abb. 12) des Analyten als auch ohne technische Einschränkung durch die Spezifika von Hohlkathodenlampen (z.B. Austrittsfenster, Emissionsintensität) alle anderen absorbierenden Sekundärwellenlängen zur Verfügung.

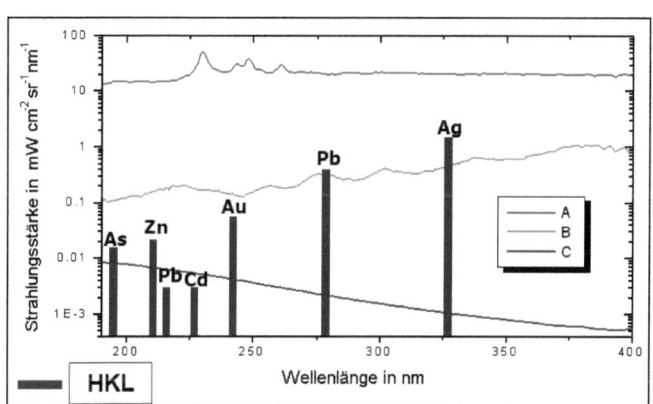

Abb. 12: Wellenlängenabhängige Strahlungsstärke der Xe-Lampe im „Hot-Spot"-Messmode verglichen mit der Strahlungsstärke von verschiedenen Hohlkathodenlampen (HKL) [75].
  A   Xe-Kurzbogenlampe im Hot-Spot"-Messmode
  B   Xe-Lampe im diffusen Messmode
  C   Deuteriumlampe

2 - Theorie und Grundlagen

Durch die spezielle Geometrie der Wolframelektroden in der Xenon-Kurzbogenlampe bildet sich ein heißer Brennfleck aus. Er wird als „Hot-Spot" bezeichnet (Abb. 13) und besitzt im Vergleich zum diffusen Betriebsmodus einer Xe-Lampe eine deutlich höhere Intensität an UV-Emission.

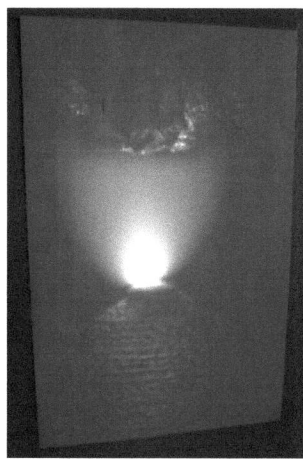

Abb. 13: Darstellung des „Hot-Spot" zwischen den Wolframelektroden der Xe-Lampe [75].

Während der analytischen Messung wird die Lage dieses Brennflecks kontrolliert. Durch diese kontrollierte, automatische Nachführung über einen Stellspiegel mittels Hubmagnet wird zu jedem Zeitpunkt eine optimale Durchstrahlung des Spektrometers garantiert.

Die Xe-Kurzbogenlampe mit der Emission über den gesamten Wellenlängenbereich von 190-900 nm ist technische Voraussetzung zur analytischen Nutzung jeder beliebigen Absorptionslinie von Atomen und zweiatomigen Molekülen und somit Voraussetzung für die Molekülabsorptionsspektrometrie mit einem HR-CS-AAS.

2.7.2 Atomisator

Die verwendeten Atomisatoren im HR-CS-AAS sind identisch zu denen, die in den klassischen LS-AAS eingesetzt werden.
In der Flammentechnik dient ein Brenner-Zerstäuber-System mit pneumatisch ansaugendem Zerstäuber als Atomisator, in der Graphitrohrtechnik wird ein Graphitrohrofen genutzt. Ebenso ist

2.7- Aufbau und Funktion eines HR-CS-AAS

der Einsatz der klassischen Quarzküvette zur Atomisation von Quecksilber und den hydridbildenden Elementen wie Arsen und Selen möglich.

Die Empfindlichkeit des AAS wird durch die eingesetzten Atomisatoren entsprechend ihres Absorptionsvolumens bestimmt. Da die Atomisatoren in dem CS-AAS im Vergleich zum LS-AAS identisch sind, sind auch die zu erwartenden Empfindlichkeiten und Methodenkenngrößen, wie die charakteristische Konzentration und Masse, vergleichbar [99].

2.7.3 Spektrometer

Die Selektivität der Analytbestimmung ist in dem klassischen LS-AAS durch die Schmalbandigkeit der von den Hohlkathodenlampen emittierten Linien gegeben. Im Gegensatz dazu muss die eigentliche spektrale Auflösung in dem HR-CS-AAS durch einen hochauflösenden Monochromator erbracht werden [101].
Das von der Arbeitsgruppe Becker-Ross [102] beschriebene Konzept eines hochauflösenden Doppelmonochromators wurde für diesen Zweck entwickelt und erfolgreich im contrAA®, dem ersten HR-CS-AAS von Analytik Jena AG eingesetzt. Dieses Konzept basiert auf einem Dispersionsprisma und einem Echellegitter zur spektralen Zerlegung des Lichtes.
Auf diese Weise wird sowohl eine sehr kompakte Bauweise, als auch eine hohe spektrale Auflösung R von 145 000 erreicht. Die sich ergebende spektrale Bandbreite $\Delta\lambda$ bei 200 nm beträgt entsprechend Gleichung 14 weniger als 2 pm pro Pixel.

$$\Delta\lambda = \frac{\lambda}{R} \qquad (14)$$

$\Delta\lambda$ spektrale Bandbreite pro Detektorpixel
R Auflösung

Die mit den Analytatomen in Wechselwirkung tretende Strahlung muss nach dem Atomisator im Spektrometer mit einer spektralen Bandbreite aufgelöst werden, die mit der Linienbreite der Analysenlinie vergleichbar ist. Nimmt man eine durchschnittliche Linienbreite von ca. 2-12 pm der interessierenden Analytatome [98] an und berücksichtigt die sich in der HKL ergebende Dopplerverbreiterung, dann kann das durch die Summenextinktionsbildung von 3-5 Detektorpixeln realisiert werden [103].
In Abb. 14 ist der optische Strahlengang des contrAA® 700 schematisch dargestellt.

2 - Theorie und Grundlagen

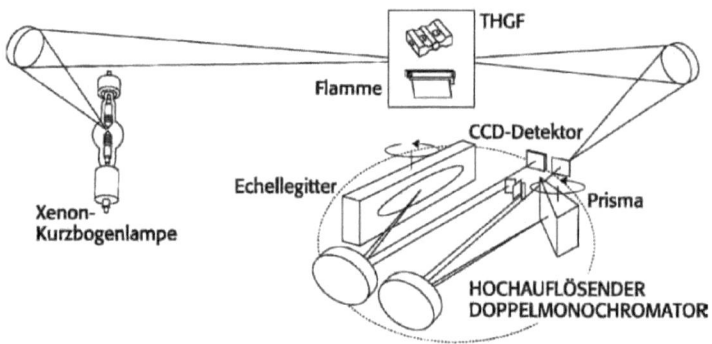

Abb. 14:   Schematische Darstellung des Strahlengangs im contrAA® 700 [99].

Die Wellenlängenrichtigkeit des Monochromators wird durch eine aktive Wellenlängenstabilisierung für Prisma und Gitter unter Nutzung eines integrierten Neonstrahlers garantiert. Dazu wird die Strahlung einer Neon-Glimmlampe im Bereich von 580-720 nm auf den Zwischenspalt gespiegelt und am Gitter dispergiert. Da das Neonlicht nicht über das Prisma geleitet und vorzerlegt wird, findet keine Trennung der verschiedenen sich überlagernden optischen Ordnungen statt. Man erreicht dadurch, dass die Ne-Linien, die von der Ne-Lampe nur im langwelligen Bereich emittiert werden, auch im UV als „physikalische Referenz" verwendet werden können. Die Position der Ne-Linien wird dann zur Korrektur der Gitterstellung benutzt [102], um auch für die Analysenwellenlänge die exakte, druck- und temperaturkorrigierte Gitterposition zu gewährleisten.

Der hochauflösende Doppelmonochromator garantiert eine spektrale Auflösung im niedrigen pm-Bereich, vergleichbar mit der Selektivität einer Hohlkathodenlampe der klassischen AA-Spektrometer. Dadurch wird es möglich, über den gesamten Wellenlängenbereich von 190-900 nm jede Wellenlänge analytisch zu nutzen.

2.7.4 Detektor

Anstelle des Austrittsspalts des Monochromators, der in dem klassischen LS-AAS die Wellenlänge der Analysenlinie von anderen durch die HKL ausgesandten Linien abtrennt bevor diese auf den Detektor fallen, wird in dem HR-CS-AAS ein rauscharmer Halbleiterdetektor eingesetzt.

Im contrAA® wird ein lichtempfindlicher zweidimensionaler Festkörperphotoempfänger als Detektor verwendet, ein Full Frame Transfer Backside Illuminated Charge Coupeld Device (FFT-CCD). Die lichtempfindliche Rückseite wird durch ein spezielles Ätzverfahren („Thinning") so behandelt, dass sich eine sehr hohe Quanteneffizienz ergibt.

Der Photoempfänger kann durch „Binning" der vertikalen 128 Pixel als eindimensionale Detektorzeile aus 576 Pixeln betrachtet werden. Zur analytischen Auswertung werden davon 200 Pixel verwendet. Die restlichen Pixel werden zur aktiven Wellenlängenstabilisierung des Spektrometers mit Hilfe der Ne-Lampe genutzt. In Abb. 15 ist der schematische Aufbau des im contrAA® 700 verwendeten Detektors dargestellt.

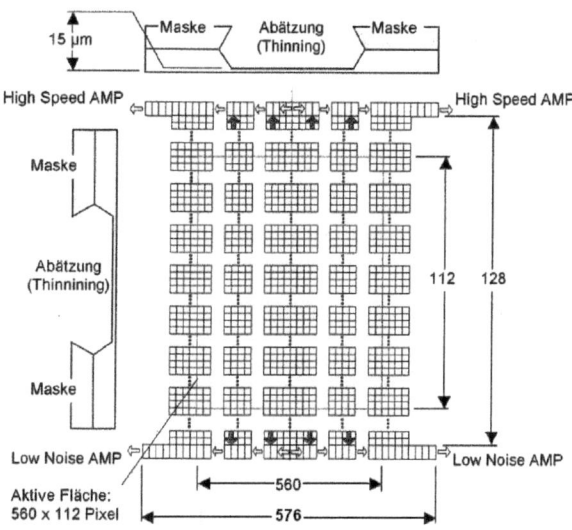

Abb. 15: Schematischer Detektoraufbau des im contrAA® 700 verwendeten FFT-CCD [104].

2 - Theorie und Grundlagen

Jedes einzelne Pixel der Detektorzeile kann als ein unabhängiger Detektor betrachtet werden. Auf diese Weise registriert der CCD-Zeilendetektor nicht nur die Intensität auf der Analysenlinie, sondern auch die in ihrer spektralen Nachbarschaft. Dadurch wird simultan und hochaufgelöst ein spektraler Wellenlängenbereich von etwa 0,4-0,8 nm (in Abhängigkeit von der Analytwellenlänge) in der Nachbarschaft der Analytlinie abgebildet. Infolgedessen werden zusätzliche spektrale Informationen über die Probe bereitgestellt. Außerdem wird die spektrale Information für andere Korrekturzwecke genutzt, insbesondere für die Korrektur von Lampeneffekten (Emissionsintensitätsschwankungen), für die Untergrundkorrektur (Abschnitt 2.9, Seite 41) und für die Korrektur von spektralen Strukturen und Interferenzen [105].

Durch den UV-empfindlichen CCD-Zeilendetektor stehen für die analytische Auswertung nicht nur ein Detektor sondern 200 Detektoren zur Verfügung. Dadurch kann auch die spektrale Umgebung der Analysenwellenlänge dargestellt werden und liefert mehr spektrale Informationen über die Probe. Das sind Voraussetzungen einerseits zum Erkennen und zur Korrektur von Molekülabsorptionslinien und andererseits auch für deren analytische Nutzung mittels MAS.

2.8 Messprinzip des HR-CS-AAS

2.8.1 Messprinzip der Atomabsorptionsspektrometrie

Messprinzip der hochauflösenden Kontinuumstrahler AAS (HR-CS-AAS) wie auch der klassischen Linienstrahler AAS (LS-AAS) ist die Absorption einer Primärstrahlung durch Analytatome im Grundzustand.

$$\frac{\Phi_{a(\lambda)}}{\Phi_{e(\lambda)}} = e^{-Nlk(\lambda)} \quad (15)$$

$\Phi_{a(\lambda)}$ die aus dem Absorptionsvolumen austretende Strahlungsleistung
$\Phi_{e(\lambda)}$ die in das Absorptionsvolumen eingedrungene Strahlungsleistung
l Länge des durchstrahlten Absorptionsvolumens
$k(\lambda)$ spektraler Absorptionskoeffizient
N Gesamtzahl der freien Atome

Dabei stellt das Absorptionssignal ein Maß für die Konzentration des betreffenden Elements in der zu analysierenden Probe dar und folgt dem Lambert-Beerschen Gesetz [106] entsprechend Gleichung 15. Durch die Bildung des Logarithmus erhält man schließlich die Definition der Extinktion A (Gleichung 16), die der durchstrahlten Schichtdicke und der Zahl der freien Atome proportional ist.

$$A = \lg \frac{\Phi_{e(\lambda)}}{\Phi_{a(\lambda)}} = 0{,}4343 \cdot k(\lambda) \cdot l \cdot N \quad (16)$$

2.8.2 Messwertgewinnung mit dem HR-CS-AAS

In der Messroutine werden alle Detektorpixel während der Referenzmessung (keine Probe im Absorptionsvolumen des Atomisators) gleichzeitig von der kontinuierlichen Strahlungsquelle belichtet. Die maximale Belichtungszeit wird dabei nach einem internen Algorithmus der Firmware im Geräterechner entsprechend dem dynamischen Arbeitsbereich des CCD-Detektors bestimmt. Die bei der Belichtung erzeugten Elektronen eines jeden Pixels werden spaltenweise im Register des CCD gesammelt und simultan ausgelesen. Die daraus ermittelte Strahlungsintensität eines jeden Pixels entspricht $\Phi_{e(\lambda)}$ zu Beginn der Messung. Daraus wird das Intensitätsspektrum der Referenz

2 - Theorie und Grundlagen

nach weiteren elektronischen Korrekturen berechnet. Analog erfolgt während der analytischen Messung mit identischer Detektorbelichtungszeit bei Durchstrahlung des Absorptionsvolumens mit Probe im Atomisator die Aufnahme und Berechnung des Intensitätsspektrums der Probe [107].

Proportional zu der gewählten Analysenzeit (Integrationszeit) wird eine entsprechende Zahl an Referenz- und Probenintensitätsspektren während dieser Messzeit registriert. Die Intensitätsspektren der Referenz werden über die Zeit summiert. Daraus wird das mittlere Referenzspektrum berechnet. Die Intensitätsspektren der Probe werden auf das mittlere Referenzspektrum normiert. Dadurch werden alle Intensitätsdriften der Lampe sowie Strukturen des Detektors eliminiert. Die normierten Intensitätsspektren werden dann zur Extinktionsbildung verwendet [107].

Die Probenspektren spiegeln sowohl den zeitlichen Verlauf auf der Analysenwellenlänge wider als auch den spektralen Verlauf um die Analysenwellenlänge. Sie können in der Gerätesoftware ASpect CS als 2D- (Extinktion oder Intensität zu zeitlichem Verlauf oder spektralem Verlauf) oder als 3D-Spektrenplot (Extinktion oder Intensität zu zeitlichem und spektralem Verlauf) dargestellt werden.

2.9 Untergrundkorrektur

In der Atomabsorptionsspektrometrie kann die Ausgangsstrahlung im Atomisator nicht nur durch die spezifische Absorption der Analytatome geschwächt werden, sondern auch durch eine Reihe anderer Effekte, die man zusammenfassend als unspezifische Absorption bezeichnet. Die direkte Messgröße in der AAS ist immer die Gesamtabsorption, die sich aus spezifischer und unspezifischer Absorption zusammensetzt. Zeitlich alternierend wird deshalb in der konventionellen LS-AAS im Rahmen der Untergrundmessung auch die unspezifische Absorption als direkte Messgröße erfasst. Bei unspezifischem Untergrund wird unterschieden:

- Kontinuierlich spektraler Untergrund
    - Streuung von Strahlung an Partikeln
    - Dissoziationskontinua von verdampften aber nicht dissoziierten Molekülen
- Diskontinuierlich spektraler Untergrund
    - Atomlinien der Analyt- oder Matrixelemente
    - Elektronenanregungsspektren von verdampften aber nicht dissoziierten Molekülen

Die spezifische Absorption als Maß für die Konzentration der Analytatome in der Probe wird durch Differenzenbildung beider Messgrößen errechnet. In Tab. 1 sind die in der klassischen AA-Spektometrie etablierten Bestimmungsverfahren zur Untergrundkorrektur (UGK) sowie deren Grenzen aufgelistet:

Tab. 1: Bestimmungsverfahren der klassischen LS-AA-Spektometrie zur Untergrundkorrektur (UGK) und deren Grenzen.

Bestimmungsverfahren	Grenzen
UGK mit Deuteriumstrahler	• Zeitlich versetzte Erfassung von Gesamt- und Untergrundabsorption • UGK auf Wellenlängen < 350 nm begrenzt • Keine Korrektur von strukturiertem Untergrund [108] • Keine Korrektur von direkter Linienüberlagerung [109]

2 - Theorie und Grundlagen

Bestimmungsverfahren	Grenzen
UGK durch Hochstrompulsen (Smith-Hieftje-Korrektur) [110]	• Spezielle HKL, die nicht für jedes Element hergestellt werden kann • Verringerte Lebensdauer der HKL durch hohen Strom während der Erfassung von Untergrundabsorption • Zeitlich versetzte Erfassung von Gesamt- und Untergrundabsorption • Keine Korrektur von direkter Linienüberlagerung
UGK durch Ausnutzung des Zeemaneffektes [111, 112]	• Zeitlich versetzte Erfassung von Gesamt- und Untergrundabsorption • Annahme, dass der Untergrund nicht vom Magnetfeld beeinflusst wird [113] • Empfindlichkeitsverlust um den Zeemanfaktor (verursacht durch teilweise Überlappung der Analysenlinie mit der π-Komponente der Analytatome während der Untergrundmessung im Magnetfeld) • Keine Korrektur von direkter Linienüberlagerung

Für die Korrektur der Untergrundabsorption (UGK) bei der HR-CS-AAS gibt es zwei verschiedene Methoden:

- dynamische und statische UGK
- IBC-Methode

2.9.1 Dynamische Untergrundkorrektur mit HR-CS-AAS

Die dynamische UGK basiert auf der Berechnung eines Polynoms über ausgewählte Stützpunkte (Korrekturpixel) zur Bestimmung der Basislinie. Die Berechnung des Ausgleichspolynoms erfolgt über Least-Squares (Methode der kleinsten Fehlerquadrate). Die Auswahl dieser Korrekturpixel kann vom Anwender manuell selbst festgelegt werden (= statisch), erfolgt aber standardmäßig automatisch durch die Berechnung der Gerätesoftware ASpectCS (= dynamisch) (Abb. 16).

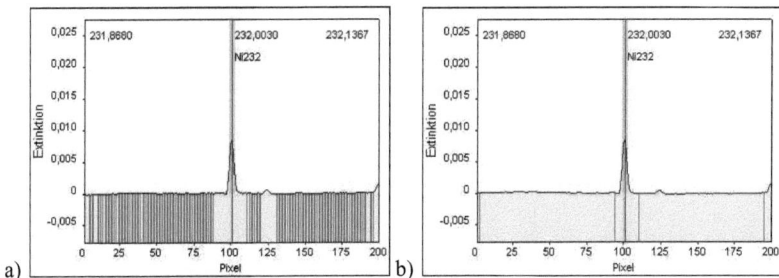

Abb. 16: Untergrundkorrektur am Beispiel Ni 232,003 nm, graue Linien ≙ ausgewählte Stützpixel zur Berechnung des Basislinienpolynoms, a) dynamisch, b) statisch.

Die Stützpunkte (Korrekturpixel) werden bei der dynamischen UGK für jedes Spektrum durch einen speziellen mathematischen Algorithmus aufgrund von Kriterien selektiert. Als Kriterium zur Auswahl als Korrekturpixel werden steigende und fallende Flanken der Intensität (Gradienten) um das zu betrachtende Pixel herangezogen. Ein Korrekturpixel hat keine Intensitätsänderungen durch Absorption von Strukturen. Im Idealfall ist also jedes Pixel unabhängig von seinen Nachbarpixeln. Wenn dagegen steigende oder fallende Trends über mehr als 2 Pixel identifiziert werden, dann handelt es sich sehr wahrscheinlich um Absorption einer Struktur.
Statistisch sicherer wird das Verfahren dadurch, dass eine Spektrenserie zur Verfügung steht. Wenn also in der Mehrzahl dieser Spektren dieselbe Struktur vorhanden ist, dann handelt es sich um einen Absorptionspeak und es werden keine Anbindungspunkte gesetzt. Alle erkannten Stützpunkte werden zur Berechnung des Basislinienpolynoms (maximal 2. Grades) verwendet. Dadurch wird eine genaue Annäherung an die wirkliche Basislinie am Messpixel gewährleistet.

2.9.2 IBC-Methode zur Untergrundkorrektur mit HR-CS-AAS

Bei der IBC-Methode (iterative background correction) wird die Basisline durch einen von der Arbeitsgruppe Becker-Ross patentierten Algorithmus, basierend auf einem Moving-Average-Filter, schrittweise angenähert [107]. Die IBC-Methode arbeitet ähnlich einem Breitbandfilter. Die breitbandigen spektralen Effekte werden geglättet, die schmalen hochfrequenten Anteile von Atom- und Molekülabsorptionslinien bleiben im Intensitätsspektrum erhalten (Abb. 17). Diese UGK-Methode liefert algorithmusbedingt eine um ca. 20-30% geringere auf die Extinktion bezogene Empfindlichkeit. Allerdings ist diese UGK-Methode gerade bei stark strukturiertem Untergrund, wie er bei der Molekülabsorption zu erwarten ist, deutlich robuster und dadurch der dynamischen UGK überlegen.

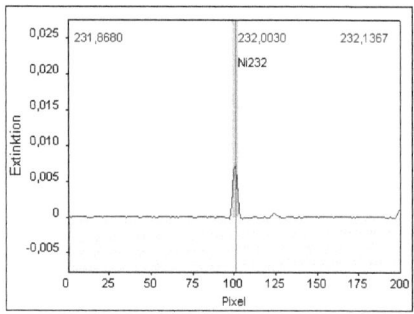

Abb. 17: Untergrundkorrektur nach dem IBC-Algorithmus am Beispiel Ni 232,003 nm.

2.9.3 Korrektur von kontinuierlich spektralem Untergrund mit HR-CS-AAS

Als kontinuierlich spektralen Untergrund bezeichnet man alle Einflüsse auf die Strahlungsintensität, die über den auf dem Detektor abgebildeten Wellenlängenbereich gleichmäßig intensitätserhöhend oder schwächend wirken. Dazu gehört die Änderung der abgestrahlten Lampenintensität durch Lampensprünge oder -drift, Breitbandschwächung durch Streulicht, z.B. an Salzpartikeln, oder auch Emissionseinflüsse des Atomisators z.B. durch Strahlung des Graphitrohrofens bei hohen Temperaturen sowie die Absorption von Strahlung durch verdampfte aber nicht dissoziierte Moleküle (Dissoziationskontinua).

Durch die automatische und simultane UGK durch Korrekturpixelanbindung werden die kontinuierlich breitbandigen Effekte unmittelbar direkt aus den Spektren korrigiert. Auf diese Weise wird ein simultanes Zweistrahlsystem bei nur einem optischen Weg realisiert. Das führt zu einer deutlich höheren Messstabilität im Vergleich zu den klassischen LS-AAS.

2.9.4 Korrektur von diskontinuierlich spektralem Untergrund mit HR-CS-AAS

Als diskontinuierlich spektralen Untergrund bezeichnet man die Ereignisse, die sich nur auf einen sehr begrenzten Spektralbereich beziehen. Dabei handelt es sich um spektrale Effekte in einer Größenordnung von wenigen pm, sodass nur einzelne Detektorpixel davon betroffen sind. Diese Effekte können einerseits durch Atomabsorptionslinien der Analyt- und/ oder Matrixatome und andererseits durch Absorptionslinien von Molekülen hervorgerufen werden. Beim Auftreten von Molekülabsorptionslinien spricht man wegen der großen Zahl an Linien und dem geringen spektralen Abstand der einzelnen Rotationslinien untereinander auch von feinstrukturiertem Untergrund. Beim Auftreten von diskontinuierlich spektralem Untergrund müssen zwei Fälle unterschieden werden:

- diskontinuierlich spektraler Untergrund ohne direkte Überlappung der Analytlinie
- diskontinuierlich spektraler Untergrund mit direkter Überlappung der Analytlinie

Tritt durch den spektralen Untergrund keine direkte Überlappung mit der Analytlinie auf, so sind die zusätzlich auftretenden Atom- oder Moleküllinien spektral zur Analytlinie aufgelöst und liefern eine zusätzliche Information im Extinktionsspektrum der Probe. Die Richtigkeit des Analysenergebnisses ist aufgrund der simultanen und effizienten UGK-Methode und der hohen Spektrometerauflösung gegeben und bedarf keiner weiteren Korrekturen.

2.9.5 Korrektur direkter Linienüberlagerung mit HR-CS-AAS

Im Falle einer direkten Linienüberlagerung der Analytlinie mit einer Atom- oder Moleküllinie konnten alle bisher in der klassischen LS-AAS verwendeten UGK-Methoden keine Lösung anbieten. In der HR-CS-AAS wird eine multivariate Methode angewendet, um eine Überlappung der Analysenwellenlänge mit feinstrukturiertem Untergrund zu korrigieren.

Hierfür werden Korrekturspektren in Extinktion für einzelne, „reine" Matrixbestandteile, die die überlagernden Molekülabsorptionslinien erzeugen, registriert und zu der polynombildenden Least-squares-Anpassung herangezogen. Es können ein bis maximal drei Korrekturspektren in einem Korrekturmodell eingebunden werden.

2 - Theorie und Grundlagen

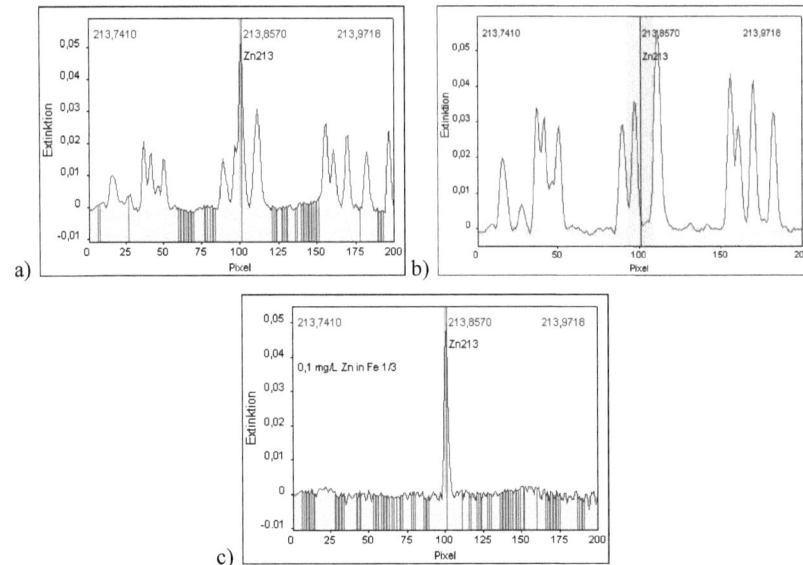

Abb. 18: Korrektur einer direkten spektralen Linienüberlappung des NO-Moleküls auf der Zn-Absorptionswellenlänge 213,857 nm. a) unkorrigiertes Spektrum, b) NO-Korrekturspektrum, Zn-Absorptionslinien maskiert, c) mit dem NO-Korrekturspektrum korrigiertes Spektrum

In Abb. 18 ist Originalspektrum (a), das Korrekturspektrum (b) und das resultierende korrigierte Analytspektrum (c) am Beispiel einer direkten spektralen Linienüberlappung des NO-Moleküls mit der Zn-Absorptionswellenlänge von 213,857 nm dargestellt. Auf diese Weise ist es möglich, Zn in HNO_3-haltigen Lösungen analytisch richtig zu detektieren.

Falls das Extinktionsspektrum der Probe außer der zu erwartenden Analytabsorption zusätzliche, nicht in dem Korrekturmodell enthaltene Absorptionslinien enthält, müssen alle diese Bereiche „maskiert" werden. Sie dürfen, genau wie der bereits standardmäßig ausgeschlossene Bereich von ± 9 Pixel um die Analytlinie, nicht zur Faktorberechnung der „Least-squares"-Anpassung herangezogen werden.

Durch die Implementierung eines Korrekturmodells in die Analysenmethode, das Korrekturspektren eines jeden die Analytlinie spektral überlagernden Matrixbestandteils enthält, ist es erstmals möglich, in der AAS direkte spektrale Linienüberlagerungen zu korrigieren. Dadurch wurde die

Leistungsfähigkeit der Untergrundkorrektur in der AAS deutlich effizienter und verbessert die Richtigkeit des Analysenergebnisses.

2.9.6 Leistungsfähigkeit der Untergrundkorrektur mit HR-CS-AAS

Die Bedeutung der UGK wurde bereits erkannt, noch ehe die elektrothermische Atomisierung in der AAS kommerziell verfügbar war [114]. Sie bestimmt insbesondere dann die Güte einer analytischen Messung, wenn es sich um hohen, zeitlich sich schnell ändernden, strukturierten oder spektral überlagernden Untergrund handelt [108].
Die Leistungsfähigkeit einer Untergrundkorrektur zeigt sich erst an realen Proben in schwieriger Matrix. Im Folgenden werden einige Beispiele beschrieben.
Direkte spektrale Störungen, wie z.b. die As-Störung durch Al-Matrix in Böden [115] oder die Überlagerung durch PO-Molekülabsorption bei der Pb-Bestimmung [116] mit LS-AAS, wurden in der Literatur intensiv beschrieben und diskutiert.

- **Ni-Interferenz durch Fe**

In [117] wird diese neue UGK unter Verwendung eines HR-CS-AAS mit der UGK unter Ausnutzung des Zeemaneffektes verglichen. Einerseits wurde ein durch NaCl erzeugter zeitlich sich schnell ändernder breitbandiger Untergrund untersucht und andererseits in einem Sediment eine spektrale Störung auf der Ni-Resonanzline, die durch hohe Fe-Konzentrationen verursacht wird.

- **Al in Fe-Matrix**

Eine weitere Arbeit [118] beschäftigt sich mit der Untersuchung von spektralen und nichtspektralen Effekten der Al-Bestimmung in hochkonzentrierten Eisenlösungen pharmazeutischer Produkte. Durch die Optimierung von Pyrolyse- und Atomisierungstemperatur ließen sich beide Elemente analog der oben beschriebenen Ni/ Fe-Interferenz nicht trennen. Die fehlerhafte UGK durch die spektrale Linienüberlappung konnte nur durch Nutzung von in Abschnitt 2.9.4, Seite 45 ff. beschriebenen Korrekturmodellen und dem „Least-squares"-Algorithmus bei Verwendung eines HR-CS-AAS beseitigt werden.

2 - Theorie und Grundlagen

- **W in Mo-Matrix**

  In einem weiteren Beispiel bei der Analyse von W in Mo-Proben [119] muss mit hohen Zeitaufwand und Chemikalieneinsatz die Matrix durch Extraktion entfernt werden. Ansonsten würde eine Vielzahl an Mo-Linien der Matrix mit der Analytlinie in dem spektralen Spalt beim Flammen-AAS zusammen fallen. Durch den Wechsel von der Deuterium-UGK – der einzigen UGK-Möglichkeit im klassischen Flammen AAS - hin zur UGK mittels HR-CS-AAS wurde gezeigt, dass dieser feinstrukturierte Untergrund ohne Matrixabtrennung problemlos korrigiert werden kann.

- **Ni in Erdöl**

  Bei der Bestimmung von Ni im Erdöl [120] konnte im Rahmen der Pyrolysetemperaturoptimierung durch die verbesserte UGK die Pyrolysetemperatur bis in den Bereich der Trocknung gelegt werden. Der dabei entstehende starke Rauch durch die Zersetzung der Probe erzeugt einen hohen und schnellen breitbandigen Untergrund, der mittels HR-CS-AAS problemlos korrigiert werden konnte. Nur durch diese Möglichkeit der UGK konnten auch die organisch gebundenen Ni-Verbindungen detektiert werden. Andernfalls würde das Extinktionssignal durch Vorverluste des Analyten zu Minderbefunden im Analysenergebnis führen.

- **Se in Blut**

  Als letztes Beispiel soll die in medizinischen Laboren häufig durchgeführte Bestimmung von Selen in Blut [121] aufgeführt werden. Durch die Nutzung der HR-CS-AAS als Analysenmethode konnten verschiedene Atom- und Moleküllinien, die zu stark strukturiertem Untergrund in der spektralen Umgebung der Se-Atomlinie führen, identifiziert und korrigiert werden.

  Dabei handelt es sich

  - um eine permanente, für den unter 200 nm liegenden Wellenlängenbereich typische Sauerstoffabsorption,
  - um eine nur wenige pm von der Analytlinie entfernte Absorptionslinie von Pd, welches als Modifier eingesetzt wird,
  - um vier Fe-Atomlinien und

2.9- Untergrundkorrektur

o   eine PO-Molekülabsorption der Blutmatrix.

Von der PO-Molekülabsorption wird die Se-Atomlinie spektral direkt überlagert, kann aber durch die im Abschnitt 2.9.5, Seite 45 ff. beschriebene Nutzung von Korrekturmodellen mit „Least-squares"-Algorithmus durch HR-CS-AAS korrigiert werden. Durch den Einsatz der klassischen UGK-Methoden kann diese Art von Untergrund nicht erfolgreich korrigiert werden. Auch bei der Ausnutzung des Zeeman-Effektes ist die Korrektur von PO-Molekülabsorptionslinien fehlerhaft, da die Grundvoraussetzung, dass sich der Untergrund nicht vom Magnetfeld beeinflussen lässt, nicht gegeben ist [116]. Ähnliche Aussagen wurden auch in früheren Arbeiten [108] bestätigt.

Eine einfache und robuste Lösung für die Korrektur von spektral überlagerndem Untergrund ist mit der klassischen LS-AAS nicht verfügbar. Die beste UGK wird erreicht, wenn die Messung spezifischer und unspezifischer Absorption sowohl räumlich, zeitlich und spektral hinsichtlich der Wellenlänge vollständig übereinstimmt. Erstmals mit der Einführung der simultanen UGK des HR-CS-AAS können alle diese Anforderungen realisiert werden.

2.10 Statistische Versuchsplanung

Bei der Durchführung von Untersuchungen und der Entwicklung von analytischen Methoden hängen die Qualität und der Informationsgehalt maßgeblich von der Planung entsprechender Versuche ab. Das Festlegen dieser Untersuchungs- und Auswertestrategie auf Basis von mathematisch-statistischen Prinzipien wird als statistische Versuchsplanung (SVP) bezeichnet [122]. Die Ziele, auf der Basis der experimentell gewonnen Ergebnisse, in diesem Zusammenhang sind:

- Schätzen von Mittelwerten, Konstanten, Parametern
- Prüfen von Hypothesen
- Bilden von statistischen Modellen

Zur optimalen Gestaltung, um das vorgegebene Ziel zu erreichen, ist es notwendig, Versuchs- und Auswertepläne mit folgenden Inhalten aufzustellen [123]:

- Wahl der gerade erforderlichen Zahl und der Lage der Versuchspunkte im Variablenraum
- Gewinnen des für das vorgegebene Ziel gerade erforderlichen Informationsinhaltes
- Verdichten der Informationen für notwendige Schlussfolgerungen und Entscheidungen

Ziel der statistischen Versuchsplanung ist es, mit minimalem Versuchsumfang maximale Erkenntnisse über das Zusammenwirken von verschiedenen Einflussvariablen (Faktoren) auf das Ergebnis zu erlangen. Durch die Verringerung der Gesamtversuchszahl im Vergleich zu Einzelversuchen, bei denen immer nur eine Einflussvariable verändert wird, werden Kosten und Zeit gespart. Außerdem wird es möglich, zwischen Haupteffekten und Nebeneffekten (Wechselwirkungen) zu unterscheiden.

Vor Versuchsbeginn sind bei 2-Stufen-Plänen die Festlegung der wichtigsten Faktoren sowie die Definition ihrer oberen und unteren Stufe (Faktorstufe) notwendig. Zur besseren Beschreibung des Versuchsraums wird zusätzlich ein Zentralpunkt (ZP) hinzugenommen, der in der Mitte der jeweiligen Faktorstufen liegt [124].

Die Zahl der durchzuführenden Versuche N bei k verschiedenen Faktoren und deren Faktorstufen m ergibt sich aus Gleichung (17):

2.10- Statistische Versuchsplanung

$$N = m^k \qquad (17)$$

Beispielsweise ergibt sich in der in Abschnitt 3.4, Seite 78 ff. durchgeführten Optimierung der Fluor-Extinktion durch vier Untersuchungseinflüsse ($k = 4$) und einer oberen und unteren Stufe ($m = 2$) eine durchzuführende Versuchszahl N von $N = 16$ ($16 = 2^4$). Man spricht von einem vollständigen 2^4-Faktorplan.

Zur besseren Absicherung des Ergebnisses wurden Doppelbestimmungen durchgeführt. Zusätzlich wurde der Zentralpunkt mit einer sechsfachen Wiederholung bestimmt. Damit erhöht sich die Gesamtzahl der durchzuführenden Messungen auf 38 Bestimmungen. In Vorversuchen wurden die Einflüsse identifiziert sowie deren obere und untere Stufe (Abschnitt 3.4, Seite 78 ff.) festgelegt. Zur Unterscheidung zwischen Haupt- und Nebeneffekten muss ein 2^4-Faktorplan, bestehend aus verschiedenen Teilmatrizen, aufgestellt werden. In Tab. 2 ist der verwendete vollständige 2^4-Faktorplan analog [123] dargestellt.

Dabei stellt die Planmatrix eine Anleitung zur Versuchsplanung dar, bei deren Durchführung nach dem Prinzip der zufälligen Messreihenfolge vorgegangen wird. In der Planmatrix werden die Faktorstufen alternierend eingetragen, die obere Faktorstufe erhält ein „+", die untere ein „-", der Zentralpunkt zwischen beiden Stufen eine „0". In der Antwortmatrix werden die Messergebnisse (y_i) eingetragen.

Die Matrix der unabhängigen Variablen fasst in der Kopfzeile alle einzelnen Faktoren sowie die Faktorwechselwirkungen (x_i) zusammen. Vor der Spalte des ersten Faktors wird eine Spalte mit ausschließlich positiven Vorzeichen und der Bezeichnung I als Identität eingefügt. Die Vorzeichen der Faktorwechselwirkungen errechnen sich aus dem Produkt der Vorzeichen der einzelnen Faktoren der Planmatrix.

Anhand der berechneten Effektmatrix lassen sich die Auswirkungen der einzelnen Faktoren ablesen. Effekte, die nur durch eine Variable (x_i) bestimmt werden, bezeichnet man als Haupteffekte (HE) und Effekte, die durch mindestens zwei Effekte bestimmt werden, als Wechselwirkungseffekte (WE).

2 - Theorie und Grundlagen

Tab. 2: Darstellung des vollständigen 2^4-Faktorplans nach [123], der zur Methodenoptimierung im Abschnitt 3.4, Seite 78 ff. verwendet wurde.

Planmatrix					Matrix der unabhängigen Variablen															Antwortmatrix
Variable Versuchs-Nr.:	1	2	3	4	0 I	1	12	13	14	2	23	24	34	3	123	134	124	234	4	1234	y_i
1	-1	-1	-1	-1	1	-1	1	1	1	-1	1	1	1	-1	-1	-1	-1	-1	-1	1	y_1
2	1	-1	-1	-1	1	1	-1	-1	-1	-1	1	1	1	-1	1	1	1	-1	-1	-1	y_2
3	-1	1	-1	-1	1	-1	-1	1	1	1	-1	-1	1	-1	1	1	1	-1	-1	-1	y_3
4	-1	-1	1	-1	1	-1	1	-1	1	-1	-1	1	-1	1	1	1	-1	1	-1	-1	y_4
5	-1	-1	-1	1	1	-1	1	1	-1	-1	1	-1	-1	-1	-1	1	1	1	1	-1	y_5
6	1	1	-1	-1	1	1	1	-1	-1	1	-1	-1	1	-1	-1	1	-1	1	-1	1	y_6
7	-1	1	1	-1	1	-1	-1	-1	1	1	-1	1	-1	1	-1	1	1	-1	-1	1	y_7
8	-1	-1	1	1	1	-1	1	-1	-1	-1	-1	-1	1	1	1	-1	1	-1	1	1	y_8
9	1	-1	-1	1	1	1	-1	-1	1	-1	1	-1	-1	-1	1	-1	-1	1	1	1	y_9
10	1	-1	1	-1	1	1	-1	1	-1	-1	-1	1	-1	1	-1	-1	1	1	-1	1	y_{10}
11	-1	1	-1	1	1	-1	-1	1	-1	1	-1	1	-1	-1	1	1	-1	-1	1	1	y_{11}
12	-1	1	1	1	1	-1	-1	-1	-1	1	1	1	1	1	-1	-1	-1	1	1	-1	y_{12}
13	1	-1	1	1	1	1	-1	1	1	-1	-1	-1	1	1	-1	1	-1	-1	1	-1	y_{13}
14	1	1	-1	1	1	1	1	-1	1	1	-1	1	-1	-1	-1	-1	1	-1	1	-1	y_{14}
15	1	1	1	-1	1	1	1	1	-1	1	1	-1	-1	1	1	-1	-1	-1	-1	-1	y_{15}
16	1	1	1	1	1	1	1	1	1	1	1	1	1	1	1	1	1	1	1	1	y_{16}
17	0	0	0	0	0	0	0	0	0	0	0	0	0	0	0	0	0	0	0	0	y_{ZP}
Effektmatrix																					

Ein positiver Effekt bedeutet eine Vergrößerung und ein negativer Effekt eine Verkleinerung der Antwortwerte durch die Erhöhung des betreffenden Faktors [124]. Die Berechnung der Effektmatrix erfolgt nach Gleichung 18:

$$Effekt = \frac{\sum x_i \cdot y_i}{\frac{1}{2}N} \qquad (18)$$

Die berechneten Effekte liefern nach Gleichung 19 die Regressionskoeffizienten (B_i) für das Regressionspolynom, mit welchem die Abhängigkeiten zwischen den Faktoren und Antworten untersucht werden. Gleichung 19 ergibt sich, da die berechneten Effekte die Differenz aus den Schätzwerten der linearen Regressionsgeraden der beiden Faktorstufen $x = \pm 1$ ist [125].

$$B_i = \frac{\sum x_i \cdot y_i}{N} \qquad (19)$$

2.10- Statistische Versuchsplanung

Im Anschluss müssen die errechneten Regressionskoeffizienten B_i auf ihre Signifikanz geprüft werden. Dazu wird die mittlere Standardabweichung s_y unter Berücksichtigung der Versuchszahl N und der Summe der Einzelvarianzen s_k^2 mit Gleichung 20 und der Fehler der Regressionskoeffizienten unter Berücksichtigung der Doppelbestimmungen (n=2) mit Gleichung 21 berechnet [126].

$$s_y = \sqrt{\frac{\sum_{k=1}^{N} s_k^2}{N}} \qquad (20)$$

$$s_b = \frac{s_y}{\sqrt{N \cdot n}} \qquad (21)$$

Letztendlich wird die Signifikanz der Regressionskoeffizienten B_i mit dem Studentschen t-Test entsprechend der Freiheitsgrade f für $f = N(n-1)$ und der statistischen Wahrscheinlichkeit P nach Gleichung 22 berechnet. Alle Regressionskoeffizienten größer der Prüfgröße PG haben einen signifikanten Einfluss auf die Analysenwerte, alle anderen können vernachlässigt werden.

$$PG = t(P; f) \cdot s_b \qquad B_i > PG \Rightarrow \text{signifikanter Einfluss} \qquad (22)$$

3 Methodenentwicklung und –optimierung

3.1 Gerätetechnik

Das einzige, momentan am Markt kommerziell erhältliche HR-CS-AAS ist das contrAA® von Analytik Jena AG (Jena, Deutschland). Alle Untersuchungen der vorliegenden Arbeit wurden ausschließlich mit dem contrAA® 700 durchgeführt, einem Gerät mit zwei getrennten Probenräumen für die Nutzung von Flammen- und Graphitrohrtechnik.

Das contrAA® 700 besitzt einen quergeheizten Graphitrohrofen. Ausschließlich pyrolytisch beschichtete PIN-Plattformrohre wurden für die Untersuchungen eingesetzt. Als Strahlungsquelle wird eine 300 W Xe-Kurzbogenlampe verwendet, die ein kontinuierliches Energiespektrum über den Bereich von 189-900 nm emittiert.

Abb. 19:   contrAA® 700 von Analytik Jena AG (Jena, Deutschland) [99].

Das Spektrometer besitzt einen hochauflösenden Doppelmonochromator, bestehend aus Prisma und Echellegitter. Der verwendete CCD-Detektor hat 576 Pixel, von denen 200 Pixel analytisch ausgewertet werden. Entsprechend der spektralen Auflösung dieses Gerätes (Seriennummer 161K0190) wurde für die später am häufigsten untersuchte GaF-Absorptionswellenlänge von 211,248 nm auf den 200 analytisch genutzten Pixeln des CCD-Detektors ein Wellenlängenbereich von 0,25 nm abgebildet. Das entspricht einer spektralen Bandbreite von 1,25 pm/ Pixel.

3 - Methodenentwicklung und –optimierung

3.2 Auswahl von zweiatomigen Fluormolekülen

Voraussetzung für die analytische Nutzung eines zweiatomigen Moleküls mit MAS ist eine stabile Bindung zwischen den beiden Atomen des Moleküls, um eine hinreichend lange Existenz im heißen Graphitrohrofen zur Absorptionsmessung zu garantieren.

3.2.1 Bindungsdissoziationsenergie

Mit einer Dissoziationsenergie von $E_D > 3\text{-}4$ eV ist nach Dittrich et al. [127] diese Anforderung weitgehend erfüllt. Allerdings werden in [69] nur Moleküle mit $4 \text{ eV} > E_D > 6 \text{ eV}$ als stabile Moleküle und Moleküle mit $E_D > 6$ eV als sehr stabile Moleküle bezeichnet. Nach Umrechnung der Einheit eV in kJ mol^{-1} (1 eV = 96,485307 kJ mol^{-1}) ist die Voraussetzung für ein ausreichend stabiles Molekül mit $E_D > 550$ kJ mol^{-1} erfüllt. In der Anhang-Tab. 1 wurden die Bindungsdissoziationsenergien [128] für eine Vielzahl von Elementen zusammengestellt.

Je höher die Bindungsdissoziationsenergie ist, desto erfolgversprechender sollten die Chancen für seine analytische Nutzung sein. Besonders vielversprechend sind die Elemente der 3. und 4. Gruppe des Periodensystems.

Auswahlkriterien zur Testung für eine mögliche analytische Verwendung waren:

- Hohe Bindungsdissoziationsenergie ($E_D > 550$ kJ mol^{-1})
- in der Literatur [129] dokumentierte Absorptionslinien im Bereich von 190-900 nm
- hoher Absorptionskoeffizient (= hohe Elektronenübergangswahrscheinlichkeit) für eine hohe MAS-Empfindlichkeit

In Tab. 3 wurden deshalb die Moleküle mit einer Bindungsdissoziationsenergie $E_D > 550$ kJ mol^{-1} entsprechend der Größe ihrer Energie geordnet.

3.2 - Auswahl von zweiatomigen Fluormolekülen

Tab. 3: Bindungsdissoziationsenergie E_D geordnet nach der Größe ihrer Energie.

Bindungsdissoziationsenergie E_D in kJ mol^{-1}											
BF	732		**HfF**	650		**GdF**	590		**BeF**	573
YF	685		**UF**	648		**GaF**	584		**BaF**	572
AlF	675		**ZrF**	627		**LiF**	577		**HF**	570
LaF	659		**ScF**	599		**TaF**	573		**TiF**	569

Leider konnten in den zur Verfügung stehenden Literaturquellen [129, 130] nur für die grün hinterlegten Zeilen der Tab. 3 definierte Absorptionslinien ermittelt werden. Alle anderen Elemente konnten aufgrund Unkenntnis genauer Absorptionslinien nicht näher untersucht werden. Unter Anhang-Tab. 2 bis Anhang-Tab. 5 sind die in diesen Literaturstellen aufgeführten Absorptionslinien für die Moleküle von BF, AlF, GaF und BeF wiedergegeben. Die höchste Empfindlichkeit wird für Absorptionslinien mit einer relativen Intensität von 100% erwartet.

Zur analytischen Testung wurden Fluoridstandardlösungen verwendet, die aus einer 1 g L^{-1} Stammlösung auf NaF-Basis der Fa. Merck mit Wasser verdünnt wurden.

3.2.2 Bormonofluorid

Analog der Literaturstelle [130] handelt es sich um ein Molekül folgender Strukturformel (Abb. 20):

$$F \equiv B$$

Abb. 20: Strukturformel des Moleküls Bormonofluorid.

BF ist das stabilste Molekül, scheidet für eine analytische Nutzung jedoch aus, da der in wässriger Lösung vorkommende, stabile BF_4^--Komplex bei der Trocknung im Graphitrohr gasförmiges Bortrifluorid (BF_3), auch Trifluorboran genannt, freisetzt. BF_3 kann in der heißen Gasphase nicht stabilisiert werden und entweicht zusammen mit dem Schutzgas Argon des Graphitrohofens, wodurch das Molekül der weiteren analytischen Messung nicht mehr zur Verfügung steht.

3.2.3 Aluminiummonofluorid

Entsprechend der Literaturstelle [130] handelt es sich um ein Molekül folgender Strukturformel (Abb. 21):

$$F\equiv Al$$

Abb. 21: Strukturformel des Moleküls Aluminiummonofluorid.

Es wurden verschiedene Linien entsprechend Tab. 4 untersucht. Als Molekülbildungsreagenz wurden 10 µL einer 1 mg L^{-1} Al-Standardlösung von Fa. Merck eingesetzt.

Tab. 4: Wellenlänge, Elektronenübergang, Absorptionssignal und eingesetzte Analytmasse für die AlF-Molekülabsorption.

AlF-Line	Übergang	Absorptionssignal	Analytmasse
227,47 nm	$X^1\Sigma^+ \rightarrow A^1\Pi$ $\Delta v = 0$	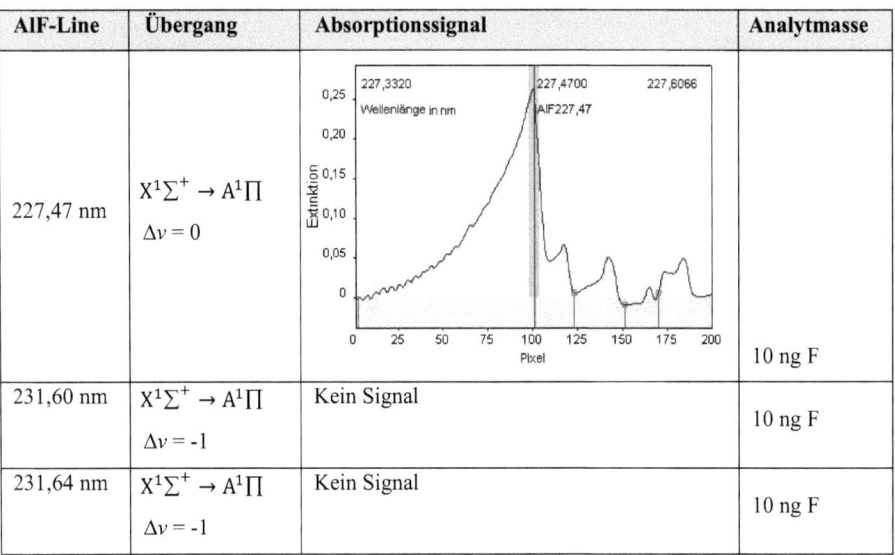	10 ng F
231,60 nm	$X^1\Sigma^+ \rightarrow A^1\Pi$ $\Delta v = -1$	Kein Signal	10 ng F
231,64 nm	$X^1\Sigma^+ \rightarrow A^1\Pi$ $\Delta v = -1$	Kein Signal	10 ng F

3.2.4 Galliummonofluorid

Analog der Literaturstelle [130] handelt es sich um ein Molekül mit einer Dreifachbindung folgender Strukturformel (Abb. 22):

3.2 - Auswahl von zweiatomigen Fluormolekülen

$$F\equiv Ga$$

Abb. 22: Strukturformel des Moleküls Galliummonofluorid.

Folgende Linien wurden entsprechend Tab. 5 untersucht. Als Molekülbildungsreagenz wurden 10 µL einer 1g L^{-1} Ga-Standardlösung von Fa. Merck eingesetzt.

Tab. 5: Wellenlänge, Elektronenübergang, Absorptionssignal und eingesetzte Analytmasse für die GaF-Molekülabsorption.

GaF-Line	Übergang	Absorptionssignal	Analytmasse
211,25 nm	$X^1\Sigma^+ \to C^1\Pi$ $\Delta v = 0$	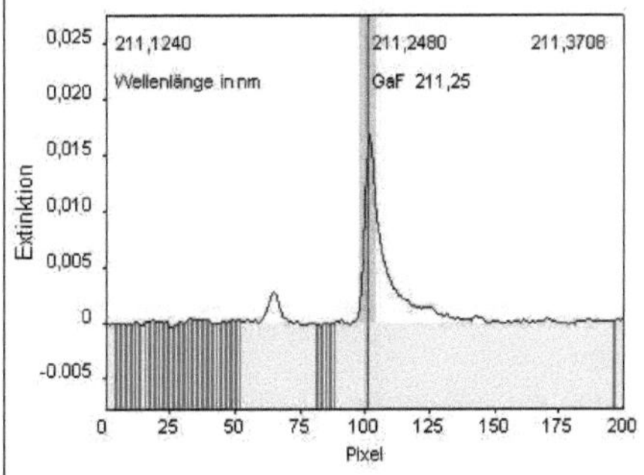	0,2 ng F
211,66 nm	$X^1\Sigma^+ \to C^1\Pi$ $\Delta v = 0$	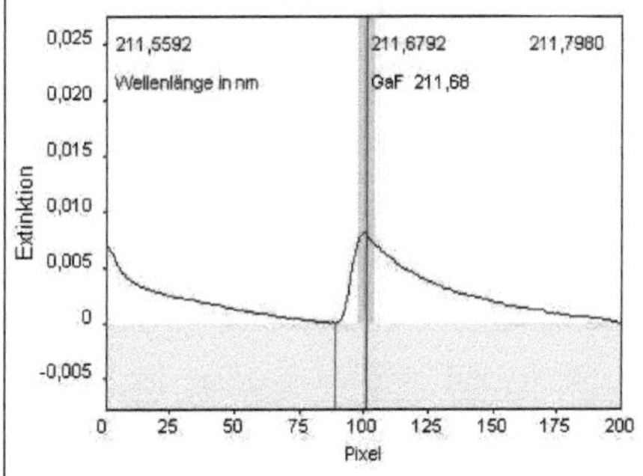	1,0 ng F
298,88 nm	$X^1\Sigma^+ \to B^1\Pi$ $\Delta v = 0$	Kein Signal	200 ng F
298,98 nm	$X^1\Sigma^+ \to B^1\Pi$ $\Delta v = 0$	Kein Signal	200 ng F

3 - Methodenentwicklung und –optimierung

3.2.5 Berylliummonofluorid

Entsprechend der Literaturstelle [130] handelt es sich um ein Radikal folgender Strukturformel (Abb. 23):

$$Be^{\bullet}-F$$

Abb. 23: Strukturformel des Radikal Berylliummonofluorid.

Es wurde nur eine Linie entsprechend Tab. 6 untersucht. Als Molekülbildungsreagenz wurden 10 µL einer 1g L^{-1} Be-Standardlösung von Fa. Merck eingesetzt. Mit der eingesetzten Fluorlösung konnte keine Absorption nachgewiesen werden.

Tab. 6: Wellenlänge, Elektronenübergang, Absorptionssignal und eingesetzte Analytmasse für die BeF-Molekülabsorption.

BeF-Linie	Übergang	Absorptionssignal	Analytmasse
356,79 nm	$X^2\Sigma^+ \rightarrow A^2\Pi$ $\Delta v = 0$	Kein Signal	200 ng F

3.2.6 Diskussion

Obwohl das AlF-Molekül eine höhere Bindungsenergie aufweist und der Einsatz dieses Moleküls zur MAS auch entsprechend früheren Publikationen (Abschnitt 2.5, Seite 22 ff.) zumeist favorisiert wurde, konnte durch Verwendung des GaF-Moleküls eine deutlich höhere Extinktion pro eingesetzter Analytmasse erzielt werden. Den höchsten Absorptionskoeffizienten wies die Absorptionsline 211,248 nm auf. Diese GaF-Linie ist auch gegenüber der GaF-Linie auf der Wellenlänge von 211,66 nm mit einem etwas geringeren Absorptionskoeffizienten spektral deutlich besser von anderen Absorptionslinien getrennt und wird im Folgenden für alle weiteren Optimierungsschritte verwendet.

Zur analytischen Bestimmung von Fluor verwendeten auch Heitmann et al. [93] das Molekül GaF-MAS und eine Wellenlänge von 211,248 nm, jedoch ohne genaue Begründung für diese Molekül- und Linienauswahl.

3.2 - Auswahl von zweiatomigen Fluormolekülen

In der folgenden Arbeit wurde ebenfalls ausschließlich GaF zur Methodenentwicklung für die analytische Fluorbestimmung verwendet.

Folgende Gründe sprechen für die Nutzung des Moleküls GaF statt AlF.

- Niedrigere zu erwartende Molekülbildungstemperaturen für GaF im Vergleich zum AlF-Molekül.
- Vermeidung des Einsatzes von hohen Erdalkalikonzentrationen zur Steigerung der Molekülbildungseffizienz von AlF (wie von Tsunoda et al. [66] vorgeschlagen), da Erdalkalielemente für Graphitteile stark korrosiv wirken.
- Geringere zu erwartende Kosten pro Analyse durch eine höhere Rohrlebensdauer bedingt durch
  - eine geringere Temperaturbelastung des Graphitrohrs durch die niedrigere Molekülbildungstemperatur des GaF gegenüber dem AlF
  - eine geringere Rohrkorrosion durch die Vermeidung hoher Erdalkalikonzentrationen zur Stabilisierung des AlF.

3.3 Signaloptimierung von Galliummonofluorid

Ein typisches Temperatur-Zeit-Programm (TZP) zur Molekülbildung besteht aus drei wesentlichen Schritten, ähnlich einem TZP in der Atomabsorptionsspektrometrie:

- Trocknung
- Pyrolyse
- Molekülbildung

Während der Trocknung und Pyrolyse müssen durch Temperaturoptimierung und Einsatz verschiedener Modifier Analytverluste, z.B. für Fluor in Form von stabilem (E_D = 570 kJ mol^{-1}) gasförmigen Fluorwasserstoff, vermieden werden.

Statt der Atomisierung, dem eigentlichen Messschritt zur Aufnahme des Extinktionssignals in der Atomabsorptionsspektrometrie, steht bei der MAS die Molekülbildung, in verschiedenen Arbeiten auch als Verdampfung bezeichnet [62], im Fokus der Betrachtung.

Aufgabe der Molekülbildungsphase mit dem Ziel der Gewinnung einer hohen Extinktion ist es, eine möglichst hohe Moleküldichte an GaF-Molekülen durch Zugabe einer entsprechenden Menge Ga als Molekülbildungsreagens zur Probe, zu erzeugen. Für die Bildung des zweiatomigen GaF-Moleküls muss die Temperatur so hoch sein, dass mehratomige Moleküle dissoziieren. Sie darf aber auch nicht zu hoch sein, um das gebildete, zweiatomige GaF-Molekül nicht zu schnell aus dem Absorptionsvolumen, infolge steigender Gasdiffusion, wieder zu entfernen. Eine weitere Temperaturerhöhung würde schließlich zur Dissoziation des GaF-Moleküls unter Bildung der einzelnen Atome Ga und F führen, wodurch das GaF-Extinktionssignal wieder sinken würde.

3.3.1 Erste Messergebnisse und Diskussion

Zunächst wurde das Molekülbildungsreagens Ga direkt in das Graphitrohr injiziert. Dabei konnte zunächst übereinstimmend mit der Arbeit von Heitmann et al. [93] kein Absorptionssignal erzeugt werden. Als Lösungsansatz schlagen Heitmann et al. [93] den Einsatz eines 3 g L^{-1} Mg-Modifier vor. Wie bereits diskutiert, sollte der Einsatz von hohen Erdalkalikonzentrationen, aufgrund ihres korrosiven Einflusses auf die Graphitteile, möglichst vermieden werden.

Ursache für das Ausbleiben eines Absorptionssignals kann

- der Verlust von Analytatomen und/ oder

3.3 - Signaloptimierung von Galliummonofluorid

- der Verlust von Atomen des Molekülbildungsreagens Ga sein.

In Arbeiten von Dittrich et al. [63] wurde als Konkurrenzreaktion zur Molekülbildung die Bildung von flüchtigem GaO mit einhergehenden UGK-Problemen diskutiert. Aus diesem Grund wurde hier die Verwendung von Pd als Modifier favorisiert, um Ga als Molekülbildungsreagens während der Pyrolysephase besser zu stabilisieren.

3.3.2 Thermische Pd-Modifier-Vorbehandlung

In ihrem Review-Artikel führen Ortner et al. [131] den Stabilisierungsmechanismus von Pd als Modifier zunächst auf die Bildung einer Einschub-Verbindung (intercalation compound) mit dem Graphit zurück. Die in das Graphitmaterial eingedrungenen Pd-Atome werden erst durch das π-Elektronensystem des Graphits aktiviert. Das als Pd-Modifier verwendete Palladiumnitrat wird zunächst nach der Trocknung in PdO umgewandelt und im Graphitgitter eingelagert. Erst durch Temperaturen > 800 °C wird PdO zum aktiven elementaren Pd reduziert.

In einer ersten Pyrolysetemperaturoptimierung konnte das GaF-Molekül nur bis zu einer Pyrolysetemperatur von 250 °C stabilisiert werden. Diese Temperatur liegt aber weit unter der Aktivierungstemperatur des Pd-Modifiers. Deshalb wurden alternative Möglichkeiten zur Reduktion des Pd-Modifiers getestet:

- Reduktion von Pd mit Ascorbinsäure
- Reduktion von Pd mit einem Ar/H_2-Gemisch (10% H_2) als Additionsgas während der Pyrolyse

Beide untersuchten Varianten der chemischen Reduktion von Pd führten nicht zu einer höheren GaF-Extinktion, sondern verursachen durch das Einbringen von zusätzlichen H-Atomen/ Ionen eine verstärkte Bildung von flüchtigem Fluorwasserstoff. Die Bildung von HF führt somit zum Verlust des Analyten Fluor mit dem Graphitrohrofenschutzgas Argon.
Einzige Möglichkeit, den Pd-Modifier zur Ga-Stabilisation zu nutzen, blieb dessen thermische Aktivierung. Aus diesem Grund wurde zunächst nur der Pd-Modifier in einem vorgelagerten Schritt im Graphitrohr thermisch bis 1100 °C vorbehandelt, das Graphitrohr wieder abgekühlt und anschließend erst die Probe zusammen mit dem Molekülbildungsreagens Ga injiziert. Das verwendete TZP ist in Tab. 7 widergegeben.

Tab. 7: TZP zur thermischen Modifier-Vorbehandlung und GaF-Molekülbildung, * NP = „no power-Heizrate" zur Abkühlung des Ofens.

Schritt	Phase	Temperatur in °C	Heizrate in°C s^{-1}	Haltezeit in s	Gasfluss in L min^{-1}
1	Trocknung	90	7	2	2,0
2	Trocknung	110	3	5	2,0
3	Trocknung	350	300	10	2,0
4	Vorbehandlung	1100	500	10	2,0
5	Abkühlung	90	NP*		2,0
6	Trocknung	90	0	2	2,0
7	Trocknung	350	300	20	2,0
8	Pyrolyse	550	500	10	2,0
9	Nullabgleich	550	0	5	Stop
10	Molekülbildung	1550	1500	7	Stop
11	Ausheizen	2400	500	4	2,0

Unter diesen Bedingungen konnte erstmals ein GaF-Signal beobachtet werden. In der spektralen Umgebung der GaF-Absorptionslinie erscheint eine zweite Absorptionslinie mit einer Wellenlänge von 211,203 nm (Abb. 24). Diese zweite Absorptionslinie erscheint zeitlich später und konnte als atomare Ga-Absorptionslinie sowohl mit Hilfe der ASpect CS-Gerätesoftware des contrAA® 700 als auch unter Nutzung der NIST-Liniendatenbank [132] identifiziert werden. Das Höhenverhältnis des Extinktionssignals von atomarer Ga-Absorption zur GaF-Molekülabsorption ist unter diesen Bedingungen ungefähr eins (Abb. 24a).

3.3 - Signaloptimierung von Galliummonofluorid

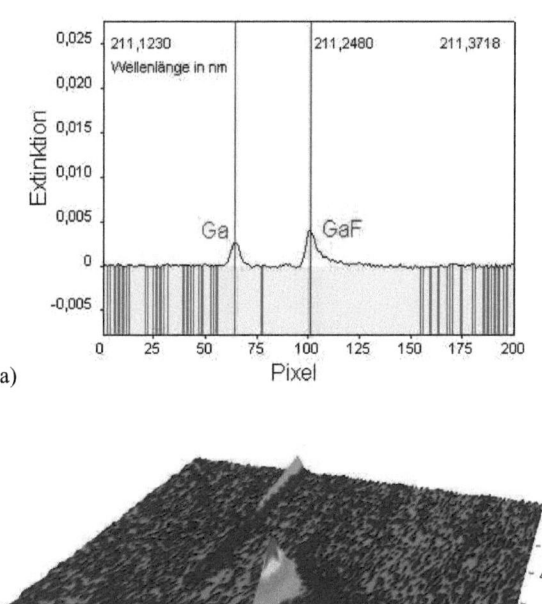

a)

b)

Abb. 24: Extinktionsssignale der GaF-Molekülabsorption auf 221,248 nm mit thermischer Pd-Modifier-Vorbehandlung, a) spektral aufgelöstes 2D-Extinktionssignal, b) spektral und zeitlich aufgelöstes 3D-Extinktionssignal.

Aufgrund einer eindeutigen Empfindlichkeitssteigerung der GaF-Molekülabsorption durch die thermische Pd-Modifiervorbehandlung wurde diese Arbeitsweise für alle folgenden Untersuchungen beibehalten.

Die Gerätesteuersoftware ASpect CS wurde so modifiziert, dass eine thermische Vorbehandlung von Modifiern auch mit einer höheren Temperatur als der ihr folgenden Pyrolysetemperatur durchgeführt werden kann. In Abb. 25 ist ein typisches TZP zur thermischen Modifiervorbehandlung schematisch dargestellt.

3 - Methodenentwicklung und –optimierung

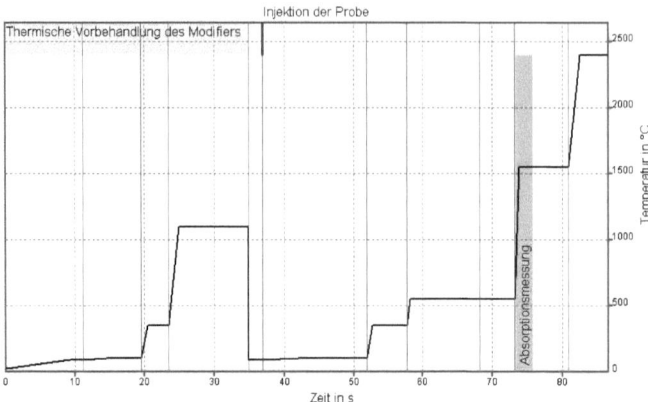

Abb. 25: TZP zur thermischen Modifier-Vorbehandlung (gelbgrün) und GaF-Molekülbildung, Messschritt (rot).

Diese Softwareänderung war Voraussetzung für einen kontinuierlichen und automatischen Messablauf und wurde deshalb sowohl für die Graphitrohrtechnik von flüssigen Proben als auch für die direkte Feststofftechnik standardmäßig in die Gerätesteuersoftware ASpect CS Version > 1.5.3 integriert.

Die Einführung einer thermischen Vorbehandlung des Pd-Modifiers bei 1100° C führt damit zu einer deutlichen Erhöhung der GaF-MA.

3.3.3 Permanente ZrC-Beschichtung des Graphitrohres

Erst nach einer permanenten Graphitrohrbeschichtung mit Zirkoniumcarbid, wie auch von Heitmann et al. [93] vorgeschlagen, konnte die GaF-Molekülabsorption nochmals deutlich gesteigert werden.

Dazu wurden dreimal 50 µL einer 1 g L^{-1} Zr-Standardlösung der Fa. Merck in das Graphitrohr injiziert und entsprechend dem TZP unter

3.3 - Signaloptimierung von Galliummonofluorid

Anhang-Tab. 6 getrocknet. Im letzten Ausheizschritt wurde das Rohr bei 2400° C konditioniert. Da Zirkonium ein sehr guter Carbidbildner ist, wird während diesem letzten Schritt eine stabile ZrC-Schicht gebildet. Diese verhindert, dass Fluor konkurrierend zur GaF-Molekülbildung eine ebenfalls stabile Molekülbindung mit Kohlenstoff zum CF eingeht ($E_{D\,(CF)} = 514$ kJ mol^{-1}, Anhang-Tab. 1). Aufgrund dessen konnte das Ga/ GaF-Verhältnis deutlich zu Gunsten der Molekülabsorption, wie in Abb. 26 im Gegensatz zu Abb. 24 zu sehen ist, verschoben werden.

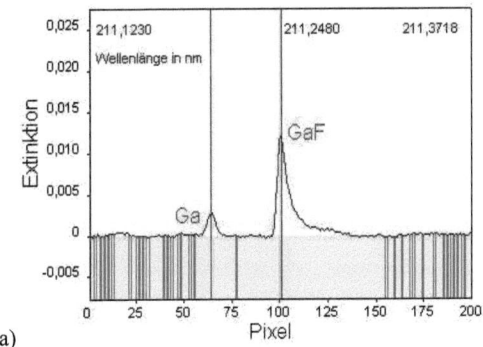

a)

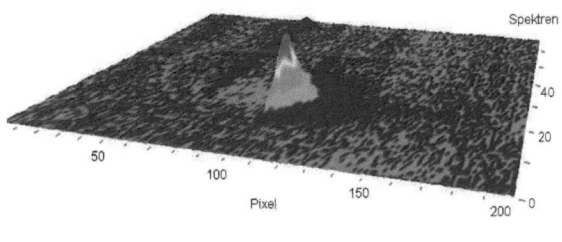

b)

Abb. 26: Absorptionssignal der GaF-Molekülabsorption 221,248 nm mit thermischer Pd-Modifier-Vorbehandlung und permanenter ZrC-Beschichtung des Graphitrohres, a) spektral aufgelöstes 2D-Extinktionssignal, b) spektral und zeitlich aufgelöstes 3D-Extinktionssignal.

Pyroplyse- und Molekülbildungstemperatur für die GaF-Molekülabsorption wurden unter Nutzung des permanent beschichteten PIN-Plattformrohres und der thermischen Pd-Modifiervorbehandlung erneut optimiert. Im Vergleich zur Molekülbildung ohne Pd-Modifier konnte die Pyrolysetemperatur von 250 °C auf 550 °C gesteigert werden.

Das Extinktionsverhältnis von atomarem Ga zu GaF konnte durch eine permanente ZrC-Beschichtung des Graphitrohres zu Gunsten der GaF-Molekülbildung verschoben werden. Im Ergebnis der Optimierung von Pyrolyse- und Molekülbildungstemperatur wurden alle folgenden Untersuchungen mit einer thermischen Pd-Modifiervorbehandlung und einer Pyrolysetemperatur von 550 °C sowie einer Molekülbildungstemperatur von 1550 °C durchgeführt. Als Pd-Modifier wurden 5 µL einer 0,1% Pd-Nitratlösung der Fa. Merck eingesetzt.

3.3.4 Einfluss von Ga als Molekülbildungsreagens

Ziel der folgenden Optimierungsschritte war es, die Größe des GaF-Molekülabsorptionssignals für eine hohe Methodenempfindlichkeit zu steigern. Dazu muss das Gleichgewicht der Molekülbildungsreaktion entsprechend Gleichung 23 auf die Seite des Reaktionsproduktes GaF verschoben werden.

$$Ga + F \rightleftharpoons GaF \qquad (23)$$

Die Konzentration des Analyten F wird durch die Probe vorgegeben und kann nicht beeinflusst werden. Einzige Möglichkeit bleibt, das Molekülbildungsreagens Ga im Überschuss zuzusetzen. Nach der Implementierung der thermischen Modifiervorbehandlung in den Ablauf des TZP (Abb. 25, Seite 66) gibt es zwei Möglichkeiten für die Zugabe des Ga-Reagens:

- mit der Probe im Injektionsschritt
- mit dem Pd-Modifier und der folgenden thermischen Vorbehandlung bei 1100 °C

Zur Testung, ob es eine Abhängigkeit einerseits vom Injektionszeitpunkt und andererseits von der zugegebenen Masse des Molekülbildungsreagens gibt, wurden beide Parameter variiert und die entsprechenden Extinktionssignale bestimmt.

Als Ga-Reagens wurde ein 1 g L^{-1} Ga-Standard in 5% w/w HNO$_3$ und ein wässriger 20 µg L^{-1} F-Standard aus NaF jeweils von der Fa. Merck verwendet. Um den Einfluss eines Fluorblindwertes

3.3 - Signaloptimierung von Galliummonofluorid

durch die eingesetzten Chemikalien auszuschließen, wurde für veränderte Messbedingungen der Blindwert und die jeweilige Extinktion des F-Standards bestimmt und aus der Differenz beider Werte die effektive Extinktion gegen die injizierte Ga-Masse dargestellt (Abb. 27). Wie aus Abb. 27 ersichtlich ist, hat eine Erhöhung der zusammen mit der Probe zugeführten Ga-Masse keinen wesentlichen Einfluss auf die Erhöhung der Ga-Molekülabsorption. Wird das Molekülbildungsreagens dagegen zusammen mit dem Pd-Modifier bis 1100 °C thermisch vorbehandelt, kann das Extinktionssignal von GaF gesteigert werden.

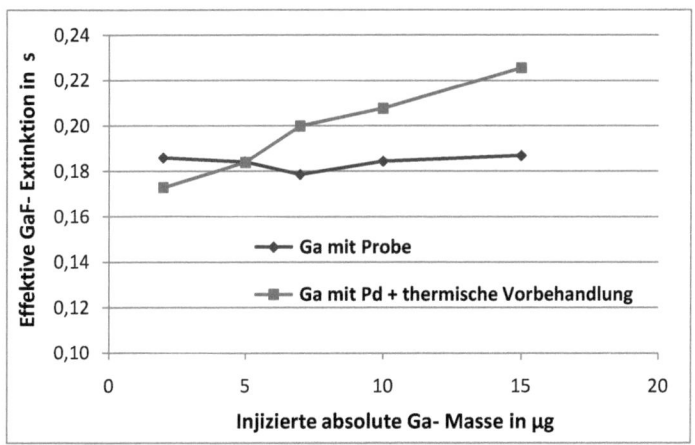

Abb. 27: GaF-Extinktion in Abhängigkeit von der zugesetzten Ga-Masse sowie dem Zeitpunkt der Zugabe im TZP, Injektion von 0,4 pg F.

Die Ursache der unterschiedlich großen Extinktionssignale könnte sein:

- Die Erhöhung der injizierten absoluten Ga-Masse erfolgte durch Volumenerhöhung des injizierten Ga-Standards, der in 5% w/w HNO_3 gelöst war. Dadurch geht mit einer Erhöhung der Ga-Masse auch eine Steigerung der in das Graphitrohr injizierten Säuremenge einher. Die Ga-Injektion gemeinsam mit der Probe führt durch eine Erhöhung der H^+-Ionenzahl zu einem niedrigeren pH-Wert und fördert die HF-Bildung als Konkurrenzreaktion. Der positive Effekt der Gleichgewichtsverschiebung zum GaF wird dadurch wahrscheinlich kompensiert. In

3 - Methodenentwicklung und –optimierung

späteren Versuchen wurde auch aus diesem Grund das Ga-Molekülbildungsreagens aus festem $Ga(NO_3)_3$ hergestellt und nur in Wasser gelöst.

- Bei einer Injektion des Ga-Molekülbildungsreagens gemeinsam mit dem Pd-Modifier und der folgenden thermischen Vorbehandlung wird die injizierte $Ga(NO_3)_3$-Lösung über den Zwischenschritt der GaO-Bildung direkt zum atomaren Ga reduziert. Da die anschließende Abkühlung unter Ar-Schutzgas stattfindet, steht dem Fluor aus der Probe schon während der Trocknung atomares Ga als Reaktionspartner unmittelbar zur Molekülbildung zur Verfügung. Der negative Säureeinfluss auf das GaF-Extinktionssignal mit steigender injizierter Ga-Masse kommt durch die vorgelagerte thermische Behandlung nicht zur Wirkung.

Da die in Abb. 27 erzielte maximale GaF-Extinktion eine weitere Steigerung vermuten lässt, wurde das GaF-Extinktionssignal in Abhängigkeit von der in der thermischen Vorbehandlung zugesetzten Ga-Masse untersucht (Abb. 28).

Während der Probeninjektion wurden zusätzlich 5 µL der 1 g L^{-1} Ga-Lösung (5 µg Ga) mit der Probe injiziert, da eine GaF-Extinktion ohne diese Zugabe geringfügig niedriger ausfiel.

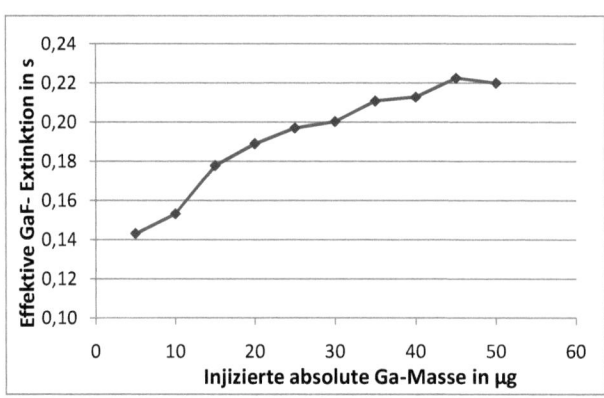

Abb. 28: GaF-Extinktion in Abhängigkeit von der in der thermischen Vorbehandlung zugesetzten Ga-Menge.

3.3 - Signaloptimierung von Galliummonofluorid

Das injizierte Volumen musste auf maximal 50 µL und damit auch die Ga-Masse auf 50 µg begrenzt werden, da das PIN-Plattformrohr keine größeren Dosiervolumina zulässt. In Abb. 28 scheint die maximale GaF-Extinktion bei einer Masse von ca. 50 µg Ga erreicht zu sein. In einer späteren Überprüfung, durch Verwendung einer wässrigen, höher konzentrierten Ga-Lösung (10 g L^{-1} Ga(NO$_3$)$_3$ ≙ 2,7 g L^{-1} Ga), konnte diese Aussage bestätigt werden. Eine weitere Erhöhung der eingebrachten Ga-Atome in das Graphitrohr führt zu einer Erhöhung der Atomdichte im Graphitrohr und zu zunehmenden Teilchenzusammenstößen mit dem gebildeten GaF-Molekül. Dadurch zerfällt das GaF-Molekül schneller in die einzelnen Atome und die GaF-Molekülabsorption sinkt wieder.

Eine Erhöhung der zusammen mit der Probe zugeführten Ga-Masse hat keinen wesentlichen Einfluss auf die Erhöhung der Ga-Molekülabsorption. Wird das Molekülbildungsreagens dagegen zusammen mit dem Pd-Modifier bis 1100 °C thermisch vorbehandelt, kann das Extinktionssignal von GaF gesteigert werden. Eine maximale GaF-Extinktion wird bei einer Masse von 50 µg Ga zur Molekülbildung erreicht. Hierzu wurden jeweils 5 µL der wässrigen 10 g L^{-1} Ga(NO$_3$)$_3$-Lösung in der thermischen Vorbehandlung und zusammen mit der Probe injiziert.

3.3.5 Blindwertproblematik der GaF-MA

Im Rahmen durchgeführten Untersuchungen wurde einerseits tendenziell ein kontinuierlicher Abfall der nach Gleichung 24 definierten effektiven GaF-Extinktion ($A_{eff.}$) beobachtet.

$$A_{eff.(GaF)} = A_{GaF} - A_{BW} \qquad (24)$$

A_{BW} Extinktion des Blindwertes

Andererseits wurden nach längeren Messpausen (Nacht, Wochenende) zunächst sehr hohe Extinktionswerte für den Blindwert registriert. Die Werte lagen im Bereich von 0,2-4 Extinktionen, die auch nach wiederholenden Messungen nur sehr langsam abklangen. In (Abb. 29) ist diese Blindwertproblematik der GaF-MA nach einer Messpause über das Wochenende dargestellt.

3 - Methodenentwicklung und –optimierung

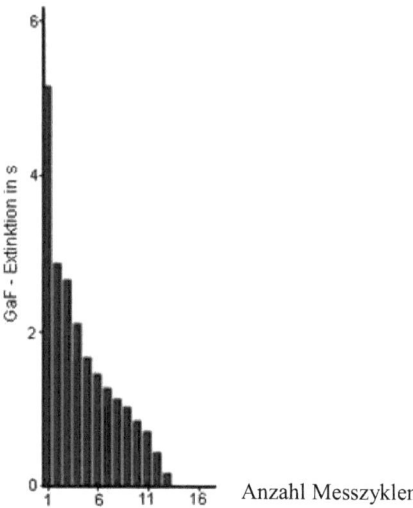

Abb. 29: Blindwertproblematik der GaF-MA nach einer Messpause über das Wochenende, dargestellt durch den Bargraph der GaF-MA für wiederholende Blindwertmessungen.

Mögliche Ursachen für die beschriebene Blindwertproblematik könnten sein:

- dass die am Anfang aufgebrachte ZrC-Schicht der Graphitrohrplattform nach einigen Messungen nicht mehr ganz fehlstellenfrei ist,
- dass die ZrC-Schicht Stellen aufweist, durch die es den Fluoratomen möglich ist, mit dem Graphit eine Reaktion einzugehen,
- dass die mit der Zeit in das Graphit eingedrungenen Fluoratome bei Temperaturen > 600 °C fest zum Graphitfluorid (Abb. 30) in das Graphitgitter eingebaut werden,
- dass die einmal im Graphitgitter gebundenen Fluoratome auch bei hohen Temperaturen nur sehr langsam wieder freigegeben werden.

Als Lösungsansatz wurde im Folgenden untersucht, ob die ZrC-Schicht durch zusätzliche Injektion von Zr-Lösung während der thermischen Vorbehandlung des Pd-Modifiers und der Ga-Lösung schadstellenfrei gehalten werden kann und inwiefern die GaF-Extinktion davon beeinflusst wird.

3.3 - Signaloptimierung von Galliummonofluorid

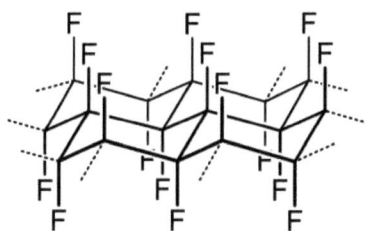

Abb. 30: Strukturformel Graphitfluorid (CF_x) nach [133].

3.3.6 Einfluss des Zr-Modifiers

Die notwendige Zr-Masse sollte mit einem typischen Volumen von ca. 5 μL Modifier zugegeben werden, um das Gesamtvolumen an Modifier, wegen der sich damit verlängernden Trocknungszeit, möglichst niedrig zu halten. Deshalb wurden Lösungen mit unterschiedlicher Zr-Konzentration hergestellt und jeweils 5 μL dieser Zr-Lösung dosiert.
Die Abhängigkeit der effektiven GaF-Extinktion von der Zr-Konzentration wurde untersucht. Die effektive GaF-Extinktion ohne Zugabe von Zr-Modifier wurde zu 100% gesetzt.

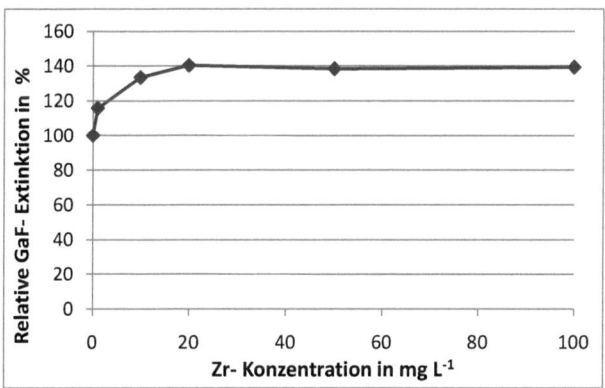

Abb. 31: Abhängigkeit der relativen GaF-Extinktion von der in der thermischen Vorbehandlung in 5 μL zudosierten Zr-Konzentration.

Die so ermittelte relative GaF-Extinktion (Gleichung 25) wurde graphisch gegen die variierende Zr-Konzentration dargestellt (Abb. 31).

$$A_{\text{rel}} = \frac{A_{\text{eff(Zr)}}}{A_{\text{eff(Zr=0)}}} \cdot 100\% \qquad (25)$$

Wie aus Abb. 31 zu ersehen ist, konnte durch die Zugabe von 5 µL einer 20 mg L^{-1} Zr-Lösung die GaF-Extinktion um ca. 40% gesteigert werden. Eine weitere Erhöhung der zudosierten Zr-Masse in der Phase der thermischen Vorbehandlung führte zu keiner weiteren Extinktionssteigerung. Aus diesem Grund wurde für alle weiteren Messungen mit einer Zr-Modifierkonzentration von 20 mg L^{-1} gearbeitet.

3.3.7 Einfluss von Natriumsalzen

Bereits in einer Arbeit von Dittrich et al. [63] wurde über einen positiven Einfluss von Natriumsalzen auf die GaF-Molekülabsorption (MA) berichtet. Dittrich erklärt den signalerhöhenden Einfluss durch die Bildung von NaF während der Trocknungsphase. NaF ist eine thermisch stabile Substanz mit einem Siedepunkt von 1705 °C [134] und bewirkt, dass während der Pyrolyse bei einer Temperatur von ca. 500 °C keine Fluor-Verluste auftreten.

Es wurden verschiedene, in Wasser gelöste, verfügbare Na-Salze untersucht. Die Na-Konzentration aller Salzlösungen betrug einheitlich 280 mg L^{-1} Na.

- Natriumchlorid (NaCl)
- Natriumacetat (NaAc)
- Dinatriumsalz der Ethylendinitrilotetraessigsäure (Na$_2$-EDTA) ≙ Titriplex III
- Natriumnitrit (NaNO$_2$)
- Natriumoxalat (Na$_2$C$_2$O$_4$)
- Natriumhydrogencarbonat (NaHCO$_3$)
- Natriumnitrat (NaNO$_3$)

Die Salze der untersuchten anorganischer Säuren lieferten für NaCl (erklärbar durch die Konkurrenzreaktion des Cl$^-$ mit Ga zum ebenfalls stabilen GaCl) eine Signalerniedrigung und für NaNO$_3$ sowie NaNO$_2$ keine Extinktionsänderung der GaF-MA.

3.3 - Signaloptimierung von Galliummonofluorid

Erst durch den Einsatz von organischen Na-Salzen konnte die durch Dittrich [63] beschriebene Signalerhöhung bestätigt werden. Möglicherweise wirkt das Na^+-Ion nicht nur durch die Bildung von thermisch stabilem NaF für Fluor stabilisierend, sondern das bei der Zersetzung von organischen Säurerestionen freiwerdende CO stabilisiert durch seine reduzierenden Eigenschaften auch das atomare Ga, wodurch dessen Oxidation zum flüchtigen GaO verhindert wird.

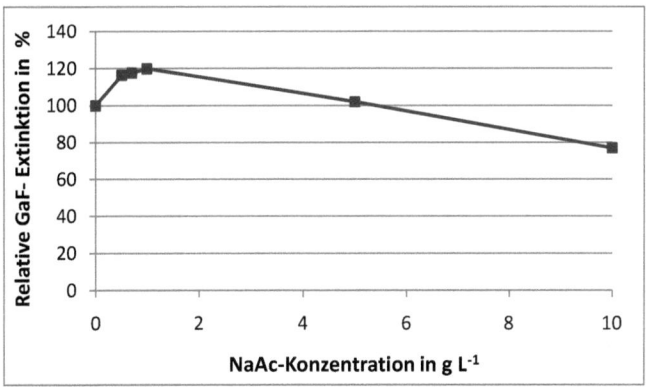

Abb. 32: Abhängigkeit der relativen GaF-Extinktion von der NaAc-Konzentration, dosiert in einem Volumen von 5 µL, Injektion zusammen mit 20 µL F-Standard.

Die besten Ergebnisse lieferte der Einsatz von Natriumacetat. Es hat mit 324 °C [134] die von den untersuchten Substanzen vergleichsweise höchste Zersetzungstemperatur. In Abb. 32 wurde die Beeinflussung der relativen GaF-Extinktion von der NaAc-Konzentration dargestellt. Die Na-Lösungen wurden in einem Volumen von 5 µL in der Phase der Probeninjektion dosiert. Wie aus Abb. 32 eindeutig zu erkennen ist, gibt es, nach einem anfänglichen Anstieg der GaF-Extinktion um ca. 20%, ein Optimum der NaAc-Konzentration bei 1 g L^{-1}. Für noch höhere Konzentrationen sinkt die GaF-MA wieder. Eine mögliche Ursache hierfür liegt in der Zunahme der Atomdichte mit steigender NaAc-Konzentration im Graphitrohr, wodurch die Zahl der Teilchenzusammenstöße zunimmt und dadurch die effektive GaF-Molekülzahl wieder reduziert wird.

3 - Methodenentwicklung und –optimierung

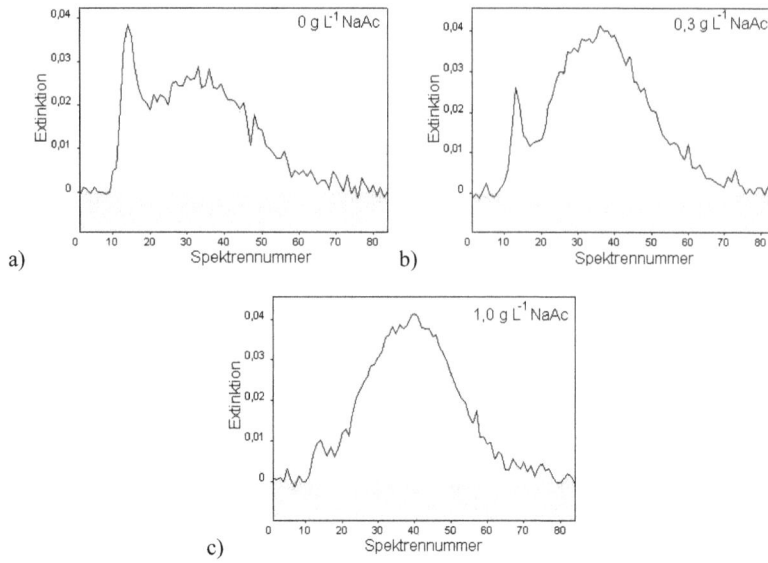

Abb. 33: Zeitlich aufgelöster Signalverlauf der GaF-MA für verschiedene NaAc-Konzentrationen: a) 0 mg L^{-1} NaAc, b) 0,3 mg L^{-1} NaAc, c) 1,0 mg L^{-1} NaAc.

In Abb. 33 a-c erkennt man im zeitlich aufgelösten Signalverlauf der GaF-MA sehr deutlich, dass ein kleiner Vorpeak, möglicherweise unstabilisiertes Fluor, mit steigender NaAc-Konzentration nahezu völlig verschwindet und sich auch das Peakmaximum zu höheren Spektrennummern ($\hat{=}$ Zeit) durch eine effektivere Stabilisierung verschiebt.

Die besten Ergebnisse lieferte der Einsatz von Natriumacetat., Das Optimum wurde bei einer NaAc-Konzentration von 1 g L^{-1} erzielt, wodurch die GaF-Extinktion um ca. 20% gesteigert werden konnte. Es wurden zusätzlich mit der Probe 5 µL einer 1 g L^{-1} NaAc-Lösung als Modifier dosiert.

3.3.8 Einfluss von Ru als Modifier

Tsunoda et al. [66] berichten in ihrer Arbeit über einen positiven Einfluss von verschiedenen Übergangsmetallionen auf das GaF-Signal.

3.3 - Signaloptimierung von Galliummonofluorid

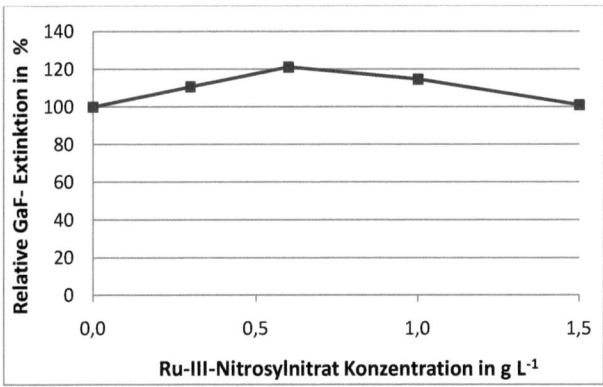

Abb. 34: Abhängigkeit der relativen GaF-Extinktion von der wässrigen Ru-III-Nitrosylnitrat-Konzentration, die als 5 µL Modifiervolumen zusammen mit 20 µL der Probe in das Graphitrohr dosiert wurde.

Aus diesem Grund und durch die Verfügbarkeit einer wässrigen 1,5% m/v Ru-III-Nitrosylnitrat-Lösung (Fa. Alfa Aesar, John Mathey) im Labor, wurde auch diese Lösung auf ihren Einfluss auf die GaF-MA getestet.

Das Ergebnis ist in Abb. 34 graphisch dargestellt. Ein maximales Signal für GaF-MA wurde für eine Konzentration von 0,6 g L^{-1} Ru-III-Nitrosylnitrat-Lösung erzielt.

Durch den Einsatz von 5 µL einer 0,6 g L^{-1} Ru-III-Nitrosylnitrat-Lösung konnte die Empfindlichkeit der GaF-MA erneut um ca. 20% gesteigert werden.

3.4 Auswertung und Wichtung der Einflussgrößen mittels statistischer Versuchsplanung

Im Abschnitt 3.3, Seite 62 ff. wurden verschiedene Einflüsse auf das GaF-Extinktionssignal beschrieben. Im Folgenden soll eine Wichtung dieser Einflussgrößen durchgeführt werden. Das Ziel bestand darin, die Zahl der verwendeten Modifier nach Möglichkeit für eine einfachere Anwendung in der Routineanalytik zu reduzieren.
Für diesen Zweck ist die in Abschnitt 2.10, Seite 50 ff. theoretisch erläuterte Methode der statistischen Versuchsplanung besonders geeignet.

3.4.1 2^4-Faktorplan

In Tab. 8 sind die in den Vorversuchen ermittelte Zahl der unabhängigen Einflüsse (Variablen x_i), die obere und untere Faktorstufe sowie der ZP zur Erstellung der Planmatrix des 2^4-Faktorplans zusammengefasst.

Tab. 8: Zahl der unabhängigen Variablen, obere und untere Faktorstufe sowie ZP zur Erstellung der Planmatrix eines 2^4-Faktorplans.

Zahl der unabhängigen Variablen		Faktorstufen		
x_i		unten	oben	ZP
x_1	Ga- Molekülbildungsreagens 10 g L^{-1} in µl	2	50	26
x_2	Zr-Konzentration in mg L^{-1}	0	40	20
x_3	NaAc-Konzentration in g L^{-1}	0	1	0,5
x_4	Ru-III-Nitosylnitrat in g L^{-1}	0	0,6	0,3

Da die GaF-MA ohne die Zugabe von Ga als Molekülbildungsreagens nicht möglich ist, wurde für diesen Einfluss die untere Faktorstufe auf das minimal mögliche zu dosierende Volumen von 2 µL anstatt auf 0 µL festgelegt.
Im Folgenden wurde die in Tab. 9 abgebildete Planmatrix zur Versuchsdurchführung genutzt. Die entsprechend gemessenen GaF-Molekülabsorptionen, die aus einer Doppelbestimmung gemittelt wurden, ergeben die Antwortsignale y_i der Antwortmatrix zur Berechnung der Effektmatrix.

3.4- Auswertung und Wichtung der Einflussgrößen mittels statistischer Versuchsplanung

Tab. 9: Plan- und Antwortmatrix des 2^4-Faktorplans.

Planmatrix					Antwortmatrix
	Volumen	Konzentration			y_i
Versuchs-Nr.	Ga in µL	Zr in mg L $^{-1}$	NaAc in g L $^{-1}$	Ru in g L $^{-1}$	
1	2	0	0	0	0,22607
2	50	0	0	0	0,44533
3	2	50	0	0	0,30166
4	2	0	1	0	0,26230
5	2	0	0	0,6	0,24629
6	50	50	0	0	0,46523
7	2	50	1	0	0,25473
8	2	0	1	0,6	0,21960
9	50	0	0	0,6	0,42703
10	50	0	1	0	0,46669
11	2	50	0	0,6	0,30391
12	2	50	1	0,6	0,22077
13	50	0	1	0,6	0,45482
14	50	50	0	0,6	0,45177
15	50	50	1	0	0,49250
16	50	50	1	0,6	0,47218
17	26	20	0,5	0,3	0,48001

Entsprechend Gleichung 22 wurde die Prüfgröße PG berechnet, um die signifikanten Regressionskoeffizienten des Regressionspolynoms zu bestimmen (Tab. 10).
Aus der Effektschätzung wird sichtbar, dass natürlich Ga als Molekülbildungsreagens wie erwartet den größten Einfluss auf die GaF-MA hat. Danach folgt der Zr-Modifier für die permanente ZrC-Graphitrohrbeschichtung. Alle anderen Effekte sind entweder nicht signifikant oder treten nur als Wechselwirkungseffekte auf.

Tab. 10: Signifikante Regressionskoeffizienten des Regressionspolynoms zur Effektschätzung des 2^4-Faktorplans mit einer statistischen Wahrscheinlichkeit von P = 0,95 (Ga-Molekülbildungsreagens, Zr-, NaAc- und Ru-III-Nitrosylnitrat-Modifier).

Einfluss	MW/ Konstante	1 (Ga)	2 (Zr)	3 (NaAc)	4 (Ru)	1•3	1•2•3	1•3•4
Effekt	0,357	0,025	0,027	-	-	0,027	0,017	0,012

3.4.2 2^3-Faktorplan

Zur besseren Beurteilung der Modifier NaAc und Ru-III-Nitrosylnitrat, die nur Bedeutung in Wechselwirkungseffekten haben, wurde die Effektschätzung erneut ohne Berücksichtigung der Ga-Konzentration mit einem 2^3-Faktorplan durchgeführt. In Tab. 11 sind die sich ergebenden signifikanten Regressionskoeffizienten dieser Effektschätzung widergegeben.

Tab. 11: Signifikante Regressionskoeffizienten des Regressionspolynoms zur Effektschätzung des 2^3-Faktorplans mit einer statistischen Wahrscheinlichkeit von P = 0,95 (Zr-, NaAc- und Ru-III-Nitrosylnitrat-Modifier).

Einfluss	MW/ Konstante	1 (Zr)	2 (NaAc)	3 (Ru)
Effekt	0,459	0,022	0,024	-

Wie aus Tab. 11 ersichtlich ist, hat der Ru-III-Nitrosylnitrat-Modifier keinen signifikanten Einfluss auf die Extinktion der Ga-MA. In weiteren Versuchen wird deshalb auf die Verwendung dieses Ru-III-Nitrosylnitrat-Modifiers verzichtet. Der NaAc-Modifier hat bei dieser Auswertung etwa den gleichen Stellenwert wie der Zr-Modifier und wird in weiteren Versuchen zur GaF-MA eingesetzt.

3.5 Optimierung der analytischen Parameter

3.5.1 Zahl der Modifier

Zielstellung der durchgeführten Methodenoptimierung ist die Entwicklung einer routinetauglichen Methode zur Bestimmung von Fluor mittels GaF-MA. Aus diesem Grund spielt die Zahl der notwendigen Lösungen und die Zeit zur Messvorbereitung eine entscheidende Rolle. Es wurde versucht, die Zahl der Modifier und auch der notwendigen Lösungen auf ein Minimum zu beschränken. Für eine einfache Methodenvorbereitung wurde versucht, verschiedene Modifier in einer Lösung zu kombinieren.

Die Kombination mehrerer Modifier in einer Lösung führte in fast allen Fällen zu einer Erniedrigung der GaF-MA. Einzige Ausnahme bildete dabei die Kombination des Pd-Modifier mit dem Zr-Modifier während der thermischen Vorbehandlung. Diese Möglichkeit wurde im Weiteren genutzt.

Tab. 12: Art, Volumen und Konzentration der verwendeten Modifier sowie deren Einsatz (in der thermischen Vorbehandlung oder zusammen mit 20 µL Probe) zur Erzeugung der GaF-MA nach dem TZP in Tab. 7, Seite 64.

Modifier, Ga-Reagens	Volumen	Konzentration	thermische Vorbereitung 1100°C	Injektion mit der Probe
Pd/Zr in 0,5% HNO_3	5 µl	0,1% m/v Pd 20 mg L^{-1} Zr	ja in Schritt 1-5 (Tab. 7)	nein
$Ga(NO_3)_3$ in H_2O	5 µl	10 g L^{-1} Ga	ja in Schritt 1-5 (Tab. 7)	nein
$Ga(NO_3)_3$ in H_2O	2 µL	10 g L^{-1} Ga	nein	ja in Schritt 6-11 (Tab. 7)
NaAc in H_2O	5 µL	1 g L^{-1} NaAc	nein	ja in Schritt 6-11 (Tab. 7)

Die Art und das verwendete Dosiervolumen der einzelnen Modifier ist in Tab. 12 zusammengefasst. Die Zahl der Modifierlösungen konnte auf drei reduziert werden.

3.5.2 Pyrolyse- und Atomisierungstemperatur

Zum Abschluss der Methodenoptimierung wurden unter Verwendung des in Tab. 7, Seite 64 gegebenen TZP und der in Tab. 12, Seite 81 beschriebenen Modifierlösungen und der Lösung zur Molekülbildung, die Pyrolyse- und Molekülbildungstemperatur optimiert. Das Ergebnis der Pyrolyse- und Molekülbildungstemperaturoptimierung ist in Abb. 35 graphisch dargestellt.

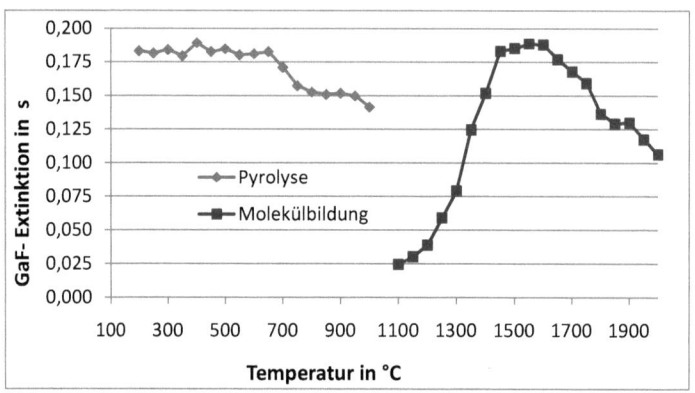

Abb. 35:   Pyrolyse- und Molekülbildungstemperaturoptimierung der GaF-MA.

In der Graphik in Abb. 35 wird deutlich, dass die Molekülbildungstemperatur > 1200 °C sein muss. Andererseits darf eine Temperatur von > 1700 °C nicht überschritten werden, um das Molekül nicht zu schnell wieder aus dem Graphitrohr zu entfernen und bei einer weiteren Temperaturerhöhung zu zerstören. Bei der Optimierung der Molekülbildungstemperatur, im Gegensatz zur Atomisierungstemperatur bei der AAS, bildet sich kein Plateau heraus, sondern ein relativ enges Temperaturmaxima mit einem Optimum bei 1500-1600 °C.

In Abb. 35 ist erkennbar, dass sich das Optimum, sowohl für die Pyrolyse- als auch für die Molekülbildungstemperatur im Vergleich zu den in den Vorversuchen verwendeten 550 °C für die Pyrolyse und den 1550 °C für die Molekülbildung, nicht wesentlich verändert hat. Deshalb werden diese Temperaturen auch für alle folgenden Messungen beibehalten.

4 Methodenvalidierung

Im Rahmen einer Methodenvalidierung erfolgt die Charakterisierung der entwickelten analytischen Methode bezüglich ihrer Methodenkenngrößen und der Anwendbarkeit für verschiedene Matrices.

4.1 Bestimmung der Methodenkenngrößen

Die Methode zur Bestimmung von Fluor mit MAS soll nun mit den unter Abschnitt 3, Seite 55ff. optimierten Bedingungen durch Ermittlung der spezifischen Methodenparameter charakterisiert werden. Dazu wurde eine Fluor-Kalibrierkurve im Konzentrationsbereich von 2-10 µg L^{-1} F$^-$ mit fünf äquidistanten Punkten aufgenommen. Zur Untergrundkorrektur wurde die dynamische Untergrundkorrektur mit Referenz verwendet. Die Extinktionsmittelwerte (Peakflächenintegration über 5 Pixel analog (103)) jeder einzelnen Fluor-Konzentration wurden für ein Probenvolumen von 20 µL mit einer Dreifachmessung bestimmt. Aus den Mittelwerten wurde eine lineare Regressionsgerade in Abhängigkeit von der F-Konzentration berechnet. In Abb. 36 ist diese Kalibrierkurve dargestellt.

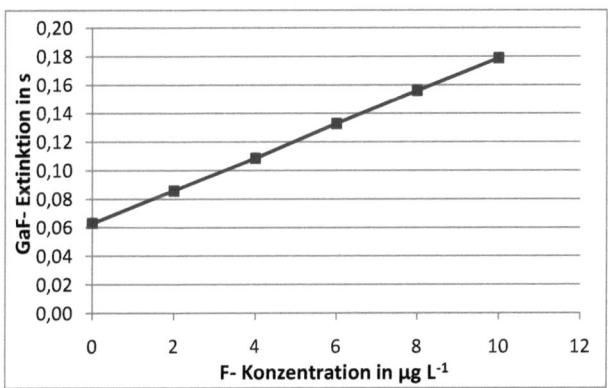

Abb. 36: Fluor-Kalibrierkurve im Konzentrationsbereich von 2-10 µg L^{-1} F$^-$, Probeninjektionsvolumen 20 µL.

Für die ermittelte Regressionsgerade (Gleichung 26) wurde die Verfahrensstandardabweichung als Maß für die Güte der Regression sowie die charakteristische Konzentration als Maß für die Empfindlichkeit der Methode ermittelt. Außerdem wurden die Nachweis-, Erfassungs- und

4 - Methodenvalidierung

Bestimmungsgrenze der Methode absolut in pg und als F-Konzentration für ein Probenvolumen von 20 µL in µg L^{-1} F berechnet.

$$A_{GaF} = 0{,}0116\, c_F + 0{,}0628 \tag{26}$$

A_{GaF} Extinktion der GaF-MA

c_F-   F-Konzentration in µg L^{-1}

Alle ermittelten Methodenparameter wurden in Tab. 13 zusammengefasst. Die hier beschriebenen Ergebnisse wurden bereits unter [135] publiziert.

Tab. 13: Methodenkenngrößen der Bestimmungsmethode von Fluor mit HR-CS-MAS. s_{rel} = relative Standardabweichung des Mittelwertes der einzelnen Extinktionswerte (n = 3).

Methodenparameter	Konzentration in µg L^{-1} F	Absolute Masse in pg F
Verfahrensstandardabweichung s_b	0,0496	1,0
Relative Verfahrensstandardabweichung s_{rel}	1,0%	
Charakteristische Konzentration (1% Absorption) c_0	0,3745	7,4
Nachweisgrenze (3σ, Blindwertverfahren)	0,26	5,2
Erfassungsgrenze (6σ, Blindwertverfahren)	0,52	10,4
Bestimmungsgrenze (Blindwertverfahren, k = 3, VB_{rel} = 33%)	0,77	15,4
Bereich relativen Standardabweichung der Extinktionsmittelwerte (n = 3)	0,8-3,9%	
Standardabweichung des Blindwertes	0,0009856	

Im Vergleich zu der von Heitmann et al. [93] ebenfalls mit HR-CS-MAS vorgestellten Methode, konnte die Nachweisgrenze um fast einen Faktor zwei verbessert werden. Wie in Tab. 14 dargestellt, ist die Bestimmung von Fluor mit HR-CS-MAS nachweisstärker als alle anderen derzeit verfügbaren Bestimmungsmethoden für Fluorid. Auch bei Annahme der jeweils niedrigsten Nachweisgrenzen für die etablierten Bestimmungsverfahren von Fluorid mit IC und ISE werden diese um fast eine Größenordnung unterboten. Die Voraussetzungen der IC und ISE zur

4.1 - Bestimmung der Methodenkenngrößen

Fluoridbestimmung, wie die notwendige Partikelfreiheit, pH-Wert-Stabilität sowie Störungen durch Komplexbildungs- oder Fällungsreaktionen, limitieren die hier vorgestellte HR-CS-MAS-Methode auf der Grundlage der GaF-Molekülabsorption nicht.

Tab. 14: Vergleich der Nachweisgrenzen für verschiedene Bestimmungsverfahren von Fluorid in wässrigen Proben.

Bestimmungsverfahren		F-Nachweisgrenze in µg L^{-1}	F-Nachweisgrenze in pg
Ionensensitive Elektrode		20	-
Ionenchromatographie		10	-
HR-CS-MAS	Heitmann et al. [93]	-	9
	Eigene Ergebnisse [135]	0,26	5,2

Zur praktischen Nutzung in der Routineanalytik muss jedoch auch die Robustheit dieser neuen Methode überprüft werden, d.h. die Abschätzung der Empfindlichkeitsbeeinflussung und der Störanfälligkeit des Verfahrens durch die Probenmatrix. Das soll sowohl anhand von Modellsubstanzen (Lösungen von Säure, Kat- und Anionen, Abschnitt 4.2, Seite 86 ff.), durch Überprüfung der Messergebnisse mittels alternativer Analysenprinzipien (Abschnitt 4.3, Seite 92 ff.), als auch durch das Messen von Realproben unterschiedlicher Matrices und zertifizierten Referenzmaterialien (Abschnitt 5, Seite 95 ff.) erfolgen.

Zusammenfassend kann festgestellt werden, dass die ermittelten Verfahrenskenngrößen sowohl eine empfindliche (Nachweisgrenze von 0,26 µg L^{-1} F, charakteristische Konzentration von 0,37 µg L^{-1} F) als auch reproduzierbare (relative Verfahrensstandardabweichung von 1,0%) Methode zur Bestimmung von Fluor mit HR-CS-MAS dokumentieren.

4 - Methodenvalidierung

4.2 Empfindlichkeitsbeeinflussung durch Matrixionen

Zur Abschätzung des Einflusses von Matrixionen auf die GaF-MA wurden verschiedene Konzentrationen an Cl^--, H^+- Ca^{2+}-, Mg^{2+}-, Fe^{3+}- und Al^{3+}-Ionen in Wasser hergestellt. Zur Herstellung wurde einerseits konzentrierte HNO_3 (65% m/m) und andererseits jeweils eine 1 g L^{-1}-Standardlösungen der entsprechenden Ionen der Fa. Merck verwendet.

Die Extinktionen wurden von jeweils 15 µL der Matrixlösungen sowie von einer Blindwertlösung (Blindwert = deionisiertes Wasser) bestimmt. Im Anschluss wurde im Graphitrohr zu diesen Lösungen 9 µL eines 100 µg L^{-1} F-Standards addiert (Spike = 0,90 ng F). Aus der Extinktion für die addierte und die unaddierte Matrixlösung wurde die Extinktionsdifferenz für die Addition von 0,9 pg F berechnet.

Auf diese Art und Weise konnte eine verfälschende Aussage durch teilweise vorhandene Blindwertextinktionen durch die untersuchten Matrixlösungen eliminiert werden. Die ermittelten Extinktionsdifferenzen wurden für eine einfachere Bewertung auf den Wert der Extinktionsdifferenz für reines deionisiertes Wasser (Blindwert) normiert. Entsprechend Gleichung 27 entspricht dieser Wert einer relativen Wiederfindungsrate (WFR) von 100%.

$$WFR_{Spike} = \frac{A_{Matrix+Spike} - A_{Matrix}}{A_{BW+Spike} - A_{BW}} \cdot 100\% \qquad (27)$$

A_{BW} Extinktion des Blindwerts (deionisiertes Wasser)
$A_{BW+Spike}$ Extinktion des addierten Blindwerts (+ Spike)
A_{Matrix} Extinktion der Matrixlösung
$A_{Matrix+Spike}$ Extinktion der addierten Matrixlösung (+ Spike)

4.2.1 Chlorid

Chlorid gehört wie Fluorid zu den Halogenen und bildet ebenfalls stabile Ga-Moleküle. Hohe Chloridkonzentrationen lassen deshalb eine Reduzierung der GaF-Extinktion erwarten. Aus diesem Grund soll die höchste noch tolerierbare Chloridkonzentration ermittelt werden.

Da Ammoniumsalze mit Chloridionen flüchtiges NH_4Cl bilden (Zersetzung bei 338° C [134]), sollte geprüft werden, ob sich durch die zusätzliche Verwendung von Ammoniumphosphat als

Modifier positive Auswirkungen auf die tolerierbare Chloridionenkonzentration feststellen lassen. Deshalb wurde eine zweite Messreihe durchgeführt, bei der zusätzlich 5µL 0,1% $NH_4H_2PO_4$ als Modifier verwendet wurde.

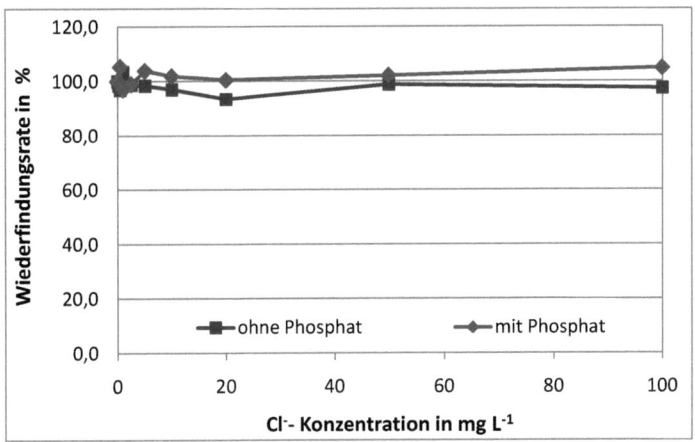

Abb. 37: Abhängigkeit der Wiederfindungsrate von 0,9 ng F, Addition zu Lösungen unterschiedlicher Cl^--Konzentrationen: 0-100 mg L^{-1} Cl^-.

Wie aus Abb. 37 zu erkennen ist, kann sowohl mit als auch ohne Zusatz von $NH_4H_2PO_4$-Modifier keine nennenswerte Extinktionsbeeinflussung durch Chloride bis zu Konzentrationen von 100 mg L^{-1} Cl^- beobachtet werden.

Aus Anhang-Abb. 1 wird sichtbar, dass sogar bis zu 500 mg L^{-1} Cl^- kein signalreduzierender Einfluss vorliegt. Ursache hierfür ist die stabile Bindung von Galliumfluorid (E_D = 584 KJ mol^{-1}). Die Bindungsdissoziationsenergie von GaCl ist mit 502 KJ mol^{-1} [128] geringer als die von GaF, wodurch das Molekül weniger stabil als GaF ist.

4.2.2 Salpetersäure

In der AAS ist es üblich, Untersuchungsproben zur Stabilisierung der enthaltenen Metalle mit 1 mL konzentrierter Salpetersäure pro Liter Lösung zu versetzen. Daraus ergibt sich eine Lösung mit ca. 0,05 mol L^{-1} HNO_3. Aus dem gleichen Grund werden auch die meisten Metallstandards in 10%iger-Säure (HNO_3 oder HCl) angeboten.

4 - Methodenvalidierung

Feste Proben werden mit Königswasser in der Mikrowelle aufgeschlossen. Dazu wird die Probe mit 2 mL konzentrierte HNO_3 und mit 6 mL konzentrierter HCl versetzt. Nach dem Aufschluss wird diese Lösung auf 50 mL aufgefüllt. Die sich ergebenden Säurekonzentrationen betragen ca. 0,29 mol L^{-1} H^+ (HNO_3) und 1,4 mol L^{-1} H^+ (HCl).

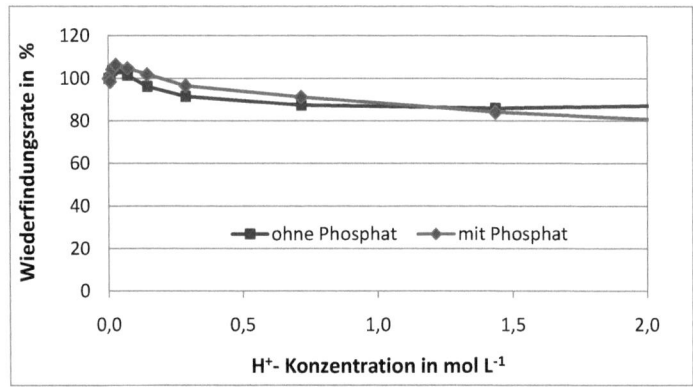

Abb. 38: Abhängigkeit der Wiederfindungsrate von 0,9 ng F, Addition zu Lösungen unterschiedlicher HNO_3-Konzentration: 0-1,43 mol L^{-1} H^+.

Wie aus Abb. 38 ersichtlich, haben Zusätze an HNO_3 < 0,1 mol L^{-1} keinen wesentlichen Einfluss auf das Extinktionssignal von GaF. Für Säurekonzentrationen > 0,1 mol L^{-1} H^+ kann sowohl mit als auch ohne die Verwendung von 5 µL eines 0,1% $NH_4H_2PO_4$-Modifiers der signalreduzierende Einfluss der Säure durch die Bildung von flüchtigem Fluorwasserstoff erwartungsgemäß nicht verhindert werden.

Das Extinktionssignal von GaF wird bei 1,5 mol L^{-1} H^+ ca. um 10%-15% reduziert. Nach Möglichkeit sollten die zu untersuchenden Probelösungen neutral oder nur schwach sauer sein. Für noch höhere Säurekonzentrationen > 1,5 mol L^{-1} H^+ (Anhang-Abb. 2) erweist sich der zusätzliche Phosphatmodifier als etwas günstiger, da der signalreduzierende Säureeinfluss durch diesen Modifier auf etwa 15% gehalten werden kann. Ohne Verwendung dieses Modifiers steigt der Empfindlichkeitsverlust auf mehr als 20% an.

4.2.3 Kationen der Elemente Ca, Mg, Fe, Al

In natürlichen Wässern, in Sedimenten, Böden, Lebensmitteln oder in Blut ist mit teilweise sehr hohen Kationenkonzentrationen von Ca^{2+}, Mg^{2+}, Fe^{3+} und Al^{3+} zu rechnen. Zum Teil bilden diese Elemente mit Fluor ebenfalls stabile Moleküle und können deshalb Einfluss auf das Extinktionssignal der GaF-Molekülabsorption haben. In Abb. 39 bis Abb. 42 sind die Abhängigkeiten der untersuchten Kationen auf die GaF-MA dargestellt.

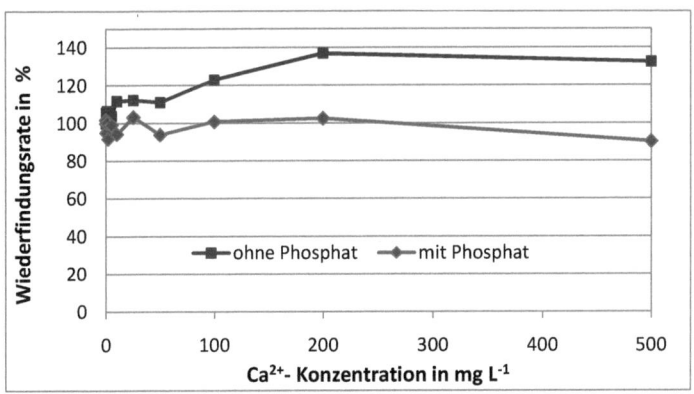

Abb. 39: Abhängigkeit der Wiederfindungsrate von 0,9 ng F, Addition zu Lösungen unterschiedlicher Ca^{2+}-Konzentrationen: 0-500 mg L^{-1} Ca^{2+}.

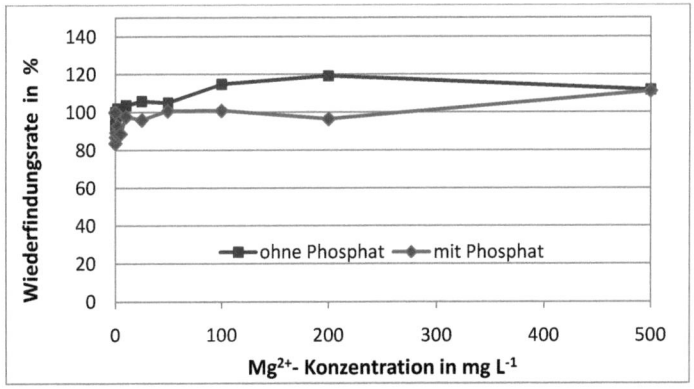

Abb. 40: Abhängigkeit der Wiederfindungsrate von 0,9 ng F, Addition zu Lösungen unterschiedlicher Mg^{2+}-Konzentrationen: 0-500 mg L^{-1} Mg^{2+}.

4 - Methodenvalidierung

Wie bereits in der Literatur beschrieben und von Heitmann et al. [93] genutzt, führt auch die Verwendung von Ca^{2+}- (Abb. 39) und Mg^{2+}-Ionen(Abb. 40) zu einer Erhöhung der GaF-MA von bis zu 40% für Ca^{2+}- bzw. 20% für Mg^{2+}-Ionen. Da diese Erdalkaliionen auf die Graphitrohre einen korrosiven Einfluss haben, sollte der Einsatz dieser Metallionen als Modifier jedoch möglichst vermieden werden.

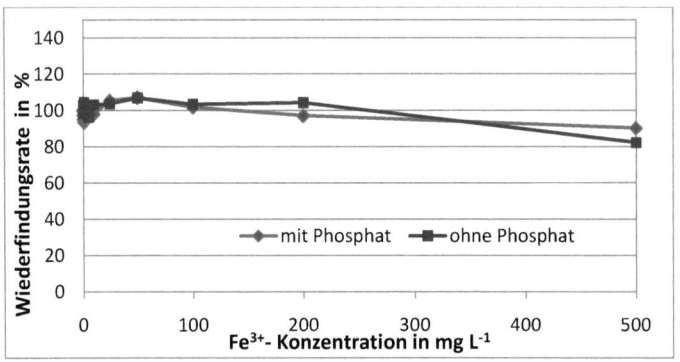

Abb. 41: Abhängigkeit der Wiederfindungsrate von 0,9 ng F, Addition zu Lösungen unterschiedlicher Fe^{3+}-Konzentrationen: 0-500 mg L^{-1} Fe^{3+}.

Der Einfluss von Fe^{3+}-Ionen (Abb. 41) hat sowohl mit als auch ohne Phosphatmodifier kaum Einfluss auf die GaF-MA und kann bis ca. 300 mg L^{-1} Fe^{3+} vernachlässigt werden.

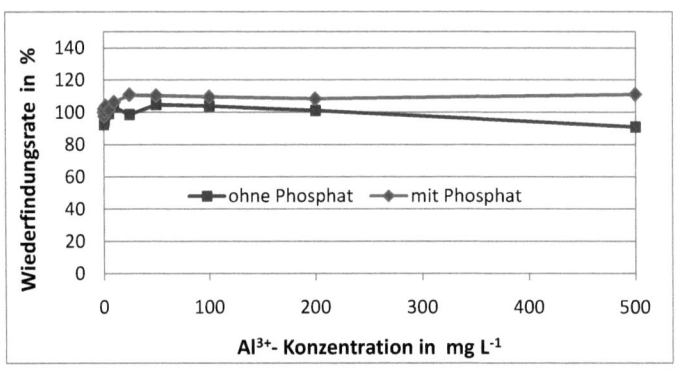

Abb. 42: Abhängigkeit der Wiederfindungsrate von 0,9 ng F, Addition zu Lösungen unterschiedlicher Al^{3+}-Konzentrationen: 0-500 mg L^{-1} Al^{3+}.

Al^{3+}-Ionen (Abb. 42) haben ohne Phosphatmodifier bis zu Konzentrationen von 300 mg L^{-1} Al^{3+} keinen Einfluss auf das Extinktionssignal, mit Phosphatmodifier wirken diese ab Al^{3+}-Konzentrationen von > 20 mg L^{-1} leicht signalerhöhend (bis zu 10%). Dieser Einfluss lässt sich ähnlich wie für Ca^{2+}-Ionen aus der stabilen $AlPO_4$-Verbindung und der starken Bindung zwischen den Al- und F-Atomen erklären ($E_{D(AlF)}$ = 675 KJ mol^{-1}, Anhang-Tab. 1). Bei kleinen Al-Konzentrationen kann der Phosphatmodifier die zusätzlichen während der Trocknung stabilisierend wirkenden Al^{3+}-Ionen kompensieren. Bei hohen Al^{3+}-Konzentrationen wird auch nach dem Ausheizen bei einer Temperatur von 2450 °C noch nicht alles AlF atomisiert. Dadurch tritt ein deutlicher Verschleppungseffekt auf und der Blindwert steigt mit steigender Al^{3+}-Konzentration. Aus diesem Grund wurde auf die Anwendung von Al^{3+}-Ionen zur Stabilisierung im Weiteren verzichtet.

Zusammenfassend kann festgestellt werden, dass die Fe^{3+}- und die Cl^{-}-Ionen bis zu Konzentrationen von 200 mg L^{-1} keinen Einfluss auf die GaF-MA haben. Durch die zusätzliche Verwendung des $NH_4H_2PO_4$-Modifiers kann der signalerhöhende Einfluss von Mg^{2+}- und Ca^{2+}-Ionen bis zu Konzentrationen von 200 mg L^{-1}, für Al^{3+}-Ionen bis zu ca. 20 mg L^{-1} kompensiert werden.

Für Proben mit hohen Al-Konzentrationen (Boden, Sedimente) muss mit einem signalerhöhenden Einfluss von bis zu 10% und einer steigenden Verschleppung gerechnet werden. Der signalerhöhende Einfluss kann durch eine Additionskalibrierung teilweise kompensiert oder, je nach der Analytkonzentration, durch eine entsprechend hohe Probenvorverdünnung eliminiert werden.

4.3 Anwendung alternativer Analysenprinzipien

Zur praktischen Nutzung in der Routineanalytik muss die entwickelte Methode zur Bestimmung von Fluor auch bezüglich Richtigkeit der Messergebnisse überprüft werden. Das soll einerseits durch die Überprüfung der Ergebnisse mit alternativen Messverfahren als auch durch das Messen von Realproben unterschiedlicher Matrices und durch das Messen von zertifizierten Referenzmaterialien (Abschnitt 5, Seite 95 ff.) erfolgen.

4.3.1 Ionensensitive Elektrode

Die ISE-Untersuchungen wurden mit einer fluorsensitiven Elektrode vom Typ F500 der Fa. WTW (Weilheim, Deutschland) durchgeführt. Das Messgerät verfügt über einen Temperatursensor und eine integrierte, automatische Temperaturkompensation.

Vor der Nutzung wurde die Elektrode kalibriert. Dazu wurden sechs Kalibrierstandards der Konzentration 0,02/ 0,04/ 0,10/ 0,50/ 1,00/ 20,0 mg L^{-1} F verwendet. Die Kalibrierlösungen wurden aus einem wässrigen 1 g L^{-1} Fluoridstandard der Fa. Merck (NaF-Basis) mit deionisiertem Wasser verdünnt. Vor dem Auffüllen des 100 mL Messkolbens wurden die Standards mit 50 mL TISAB-Lösung versetzt, um eine konstante Ionenstärke zu gewährleisten.

Die TISAB-Lösung wurde durch Einwaage von 242 g Tris(Hydroxymethyl)-Aminomethan und 230 g Dinatriumtartratdihydrat, anschließender Zugabe von 165 mL einer 37% (m/v) HCl hergestellt. Vor dem Auffüllen des 1000 mL Messkolbens bis zur Marke wurde der pH-Wert mit 30% NaOH (m/v) auf 5,5 eingestellt und die Lösung abgekühlt.

Unter ständigem Rühren, temperaturkontrolliert und gegen eine Ag/ AgCl-Referenzelektrode erfolgte die Messung der Elektrodenspannung der jeweiligen Kalibrierstandards bis zur Anzeige eines konstanten Spannungswertes. Dieser Messwert wurde vom Messgerät selbstständig ermittelt. Die logarithmische Auftragung der gemessenen Elektrodenspannung gegen die Fluorkonzentration der Standards ergibt die in Abb. 43 dargestellte Kalibrierkurve. Aus dem Anstieg der Regressionsgeraden wird die Elektrodensteilheit nach Gleichung 4, Seite 6 ermittelt.

4.3 - Anwendung alternativer Analysenprinzipien

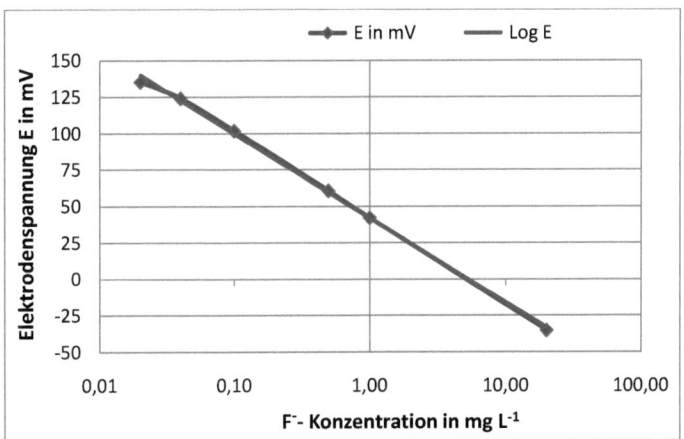

Abb. 43: Fluorid-Kalibrierkurve zur Ermittlung der Elektrodensteilheit.

Der Anstieg ergibt eine Steilheit von S = -59,3 mV, die nahezu der theoretischen Steilheit von S = -59,2 mV für 25°C entspricht. Dieser Wert liegt im Erwartungsbereich für die verwendete, fast neue F-ISE.

Aufgrund langer Ansprechzeiten und dem Abweichen von der linearen Kalibrierfunktion für niedrige F-Konzentrationen wurde eine typische Bestimmungsgrenze von 0,08 mg L^{-1} F für weitere Betrachtungen angenommen. Die Kalibrierfunktion wurde im Arbeitsspeicher des Messgerätes gespeichert.

Im Anschluss wurden Proben gegen die gespeicherte Kalibrierfunktion gemessen. Dazu wurden 20 mL Probe mit 20 mL TISAB-Lösung versetzt und falls notwendig mit einem pH-Messgerät der pH-Wert mit 30% NaOH oder 13,5% HCl auf pH-Wert = 5,5 eingestellt.

Die in Abschnitt 5.2, Seite 101 ff. untersuchten und teilweise verdünnten Zahnpastaproben waren pH-neutral und wurden nur mit der TISAB- Lösung gemischt. Proben wie die in Abschnitt 5.4, Seite 118 ff. untersuchten Futtermittel und Sedimente wurden mit NaOH im Nickeltiegel alkalisch aufgeschlossen. Sie mussten vor der Messung erst neutralisiert werden.

Die Bestimmung der Fluoridkonzentration erfolgte mit der ISE nach der Standardadditionsmethode zur Kompensation starker Matrixstörungen aufgrund der zu erwartenden, teilweise sehr hohen Elementkonzentrationen an Al, Fe, Mg und Ca.

4.3.2 Gaschromatographie

Für eine unabhängige Methodenüberprüfung der mit HR-CS-MAS erhaltenen Messergebnisse wurden die in Abschnitt 5.2, Seite 101 ff. untersuchten Zahncremes auch nach der offiziell vorgeschriebenen EU-Methode [136] mit Gaschromatographie und massenspektrometrischer Detektion untersucht.

Ein Gaschromatograph in Kombination mit einem Massenspektrometer (GC-MS) des Typs GC-MS 2010 Plus der Fa. Shimadzu (Kyoto, Japan) wurde verwendet. Als Kapillarsäule wurde der Typ RTX-5MS der Fa. Restec (USA) mit 30 m x 0,25 mm ID eingesetzt. Die stationäre Phase hatte eine Dicke von 0,25 µm. Die Analyse wurde im Scanmode (46-100 u) mit einer Elektronenionisierungsenergie von 70 eV durchgeführt. Helium wurde als Trägergas mit einer Flussrate von 0,8 mL min^{-1} verwendet. Die Injektionstemperatur betrug 280 °C, die Temperatur des Interfaces 200 °C. Das verwendete Ofenprogramm der Säule begann mit 35 °C für 2 min und wurde mit einer Heizrate von 20 °C min^{-1} bis 200 °C gesteigert.
Statt der in der offiziellen EU-Methode vorgeschriebenen flüssig-flüssig-Extraktion mit Xylene wurde eine Headspace-Extraktion durchgeführt.

5 Applikationen

5.1 Bestimmung von Fluor in Trink- und Mineralwasser

5.1.1 Bedeutung

Fluor ist Bestandteil verschiedener Mineralien in der Erde. Deshalb ist es nicht verwunderlich, dass Fluorid auch in nahezu allen Wässern zu finden ist, wenn auch die Fluoridkonzentration je nach Wasserart und den geogenen Bedingungen sehr unterschiedlich sein kann.
Im Meerwasser ist über 1 mg L^{-1} Fluorid vorhanden, in Flüssen und Seen etwa 0,05-0,5 mg L^{-1} F^-, in Grundwässern sind Werte über 0,5 mg L^{-1} F^- dagegen verhältnismäßig selten [137]. In Tiefenwässern und insbesondere in Quellen aus hydrothermalen Lagerstätten können jedoch auch beträchtlich höhere Fluoridgehalte angetroffen werden, z.b. in Geysiren mit über 20 mg L^{-1} F^-. Maßgeblich verantwortlich für den Fluoridgehalt im Wasser sind pH-Wert, Temperatur, Löslichkeitsverhältnisse und Lösungsbeeinflussung durch geologische Voraussetzungen [138].
Fluor ist für den menschlichen Organismus gleichermaßen essenzielles Spurenelement und - ab einer bestimmten Konzentration - gesundheitliches Risiko und wurde deshalb als Substanz eingestuft, die ab einer bestimmten Konzentration zu gesundheitlichen Störungen führt.
Trinkwasser ist für den Menschen das „Lebensmittel Nummer 1", wodurch die Kontrolle von Trinkwasser eine besondere Bedeutung erfährt. Durch die Weltgesundheitsorganisation (WHO) und europaweit in der Trinkwasserverordnung (TwVo) [139] ist die Bestimmung der Fluoridkonzentration vorgeschrieben und durch einen gesetzlichen Grenzwert geregelt. Der Fluoridgehalt darf im Trinkwasser eine Konzentration von 1,5 mg L^{-1} F^- nicht überschreiten. Wird der von der WHO empfohlene Grenzwert durch extrem hohe, z.B. geogen bedingte Gegebenheiten (wie in Gegenden in Senegal [140], Indien [141, 142] und im Nordwesten Chinas [143]) langfristig überschritten, so führt das zu chronischer Zahn- und Knochenfluorose. Besonders in diesen Gebieten ist eine strenge Kontrolle des Trinkwassers auf Fluorid notwendig und Voraussetzung für die Gesundheit der dortigen Bevölkerung.

5.1.2 Proben, Probenvorbereitung und Kalibrierung

Es wurden aus dem Forst Gotha fünf Wasserproben, drei Trinkwasserproben (TW) des Wasserversorgungszweckverbandes Weimar und eine Mineralwasserprobe mit verschiedenen Messverfahren auf ihren Fluoridgehalt untersucht. Mit dem Ziel einer methodenunabhängigen Überprüfung wurde auch in zwei zertifizierten Referenzmaterialien (CRM) der Fluoridgehalt bestimmt.

Bei dem zertifizierten Referenzmaterial Hamilton-20 handelt es sich um ein natürliches Wasser des Hamilton Habour, einem großen Seegebiet ohne industrielle Verschmutzung in Kanada. Das zweite zu untersuchende Referenzmaterial, ION-915, war eine natürliche Wasserprobe des Sees Superior, dem größten und nördlichsten der fünf großen Seen Amerikas. Dieses Wasser wurde aus dem Katalog der zertifizierten Referenzmaterialien (CRM) ausgesucht, weil es dort mit einer zertifizierten Konzentrationsangabe von 0,048 mg L^{-1} F^- gelistet war. Durch diese niedrige Konzentration kann das Wasser unverdünnt gemessen werden. Nach Lieferung dieses CRM's wurde der Fluoridgehalt leider nur noch als Informationswert mit 0,03 mg L^{-1} F^- ausgewiesen.

Als Probenvorbereitung wurde die Mineralwasserprobe vor der Untersuchung für 5 min im Ultraschallbad zur Entfernung des gelösten Kohlendioxids behandelt. Anschließend wurde diese, wie auch alle anderen Proben, entsprechend ihrer Fluoridkonzentration mit deionisiertem Wasser verdünnt und dann direkt gegen eine wässrige Kalibrierkurve entsprechend der in Abschnitt 4.1, Seite 83ff. beschriebenen Methode gemessen. Die lineare Regressionsgerade (Abb. 44) wurde für die Extinktionswerte von 5 äquidistanten Kalibrierpunkten der Konzentration 10/ 20/ 30/ 40/ 50 µg L^{-1} F berechnet. Die Verfahrensstandardabweichung beträgt 0,2 µg L^{-1} F.

5.1 - Bestimmung von Fluor in Trink- und Mineralwasser

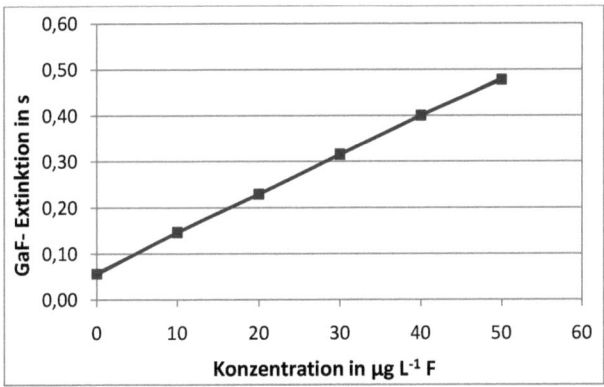

Abb. 44: Kalibrierkurve im Konzentrationsbereich von 10-50 µg L^{-1} F.

Als interne Qualitätskontrolle und zur Überprüfung der Methodenstabilität nach der Messung der Realproben wurden zwei Kalibrierstandards als Qualitätskontrollstandards (QC STD) gemessen und deren relative Wiederfindungsrate (WFR) entsprechend Gleichung 28 bestimmt.

$$WFR_{QC\ STD} = \frac{c_{gem}}{c_{STD}} \cdot 100\% \tag{28}$$

c_{gem} gemessene Fluorkonzentration

c_{STD} Konzentration des Kalibrierstandards

Zur Überprüfung eines eventuellen Matrixeinflusses wurde zu den verschiedenen Wasserproben eine bekannte, definierte Menge (Spike) an Fluor addiert und die Wiederfindungsrate der addierten Konzentration berechnet (Gleichung 29).

$$WFR_{Spike} = \frac{c_{Probe+Spike} - c_{Probe}}{c_{Spike}} \cdot 100\% \tag{29}$$

c_{Probe} Konzentration der Probe

$c_{Probe+Spike}$ Konzentration der addierten Probe

c_{Spike} Konzentration der Fluoraddition (Spike)

Die Fluoraddition erfolgte direkt im Graphitrohr durch zusätzliche Injektion von 5 µL eines 50 µg L^{-1} F-Standards zum Probevolumen. Die addierte Konzentration auf 20 µl Probevolumen betrug damit 12,5 µg L^{-1} F.

5.1.3 Ergebnisse und Diskussion

Die ermittelten Ergebnisse sind in Tab. 15 zusammengefasst.

Tab. 15: Ermittelte Fluorkonzentrationen in Mineral-, Forst- (Wasser) und Trinkwasser (TW) und sowie in zertifiziertem Referenzmaterial, 20 µL Probenvolumen (VF = Verdünnungsfaktor, s_{rel} = relative Standardabweichung, WFR = Wiederfindungsrate).

Probe	VF	F-Konzentration MAS in mg L^{-1} F	s_{rel} in %	WFR in % Spike: +0,0125 mg L^{-1} F	F$^-$-Konzentration ISE in mg L^{-1} F$^-$	Zertifizierte F$^-$-Konzentration in mg L^{-1} F
Mineralwasser	10	0,120 ± 0,011	6,1	106		(0,14)[a]
	5	0,128 ± 0,005	1,5	103		
Trinkwasser Bad Berka	10	0,104 ± 0,012	6,6	102	0,11 ± 0,01	
	5	0,109 ± 0,005	1,6	101		
Trinkwasser Tiefengruben	10	0,110 ± 0,012	2,7	103	0,12 ± 0,01	
	5	0,118 ± 0,005	5,3	97		
Trinkwasser Sachsenhausen	10	0,184 ± 0,010	1,4	97	0,19 ± 0,01	
	5	0,196 ± 0,006	0,9	100		
Wasser 1462	1	0,0044 ± 0,0008	1,6		< 0,08[b]	
	2	0,0047 ± 0,0017	1,8			
Wasser 1463	1	0,0090 ± 0,0009	4,2		< 0,08[b]	
	2	0,0078 ± 0,0017	1,8			
Wasser 1466	1	0,0074 ± 0,0009	4,8		< 0,08[b]	
	2	0,0070 ± 0,0017	12			
Wasser 1467	1	0,0149 ± 0,0008	3,1		< 0,08[b]	
	2	0,0147 ± 0,0018	0,4			
Wasser 1468	1	0,0070 ± 0,0009	2,4		< 0,08[b]	
	2	0,0065 ± 0,0017	5,4			

5.1 - Bestimmung von Fluor in Trink- und Mineralwasser

Probe	VF	F-Konzentration MAS in mg L^{-1} F	s_{rel} in %	WFR in % Spike: +0,0125 mg L^{-1} F	F$^-$-Konzentration ISE in mg L^{-1} F$^-$	Zertifizierte F$^-$-Konzentration in mg L^{-1} F
QC-STD 4: 0,040 mg L^{-1}		0,039 ± 0,001	0,4	97		
QC-STD 2: 0,020 mg L^{-1}		0,0204 ± 0,001	3,7	102		
ION-915	1	0,041 ± 0,002	2,4			0,048[c] 0,03[d]
Hamilton-20	10	0,424 ± 0,021	2,5			0,42 ± 0,078

[a] Verbraucherorientierungswert
[b] Bestimmungsgrenze ISE
[c] CRM-Wert des Bestellkataloges
[d] Informationswert des CRM-Zertifikates

Da der Gehalt der Mineralwasserprobe nur als Verbraucherorientierungswert angegeben ist, kann über die mögliche Schwankungsbreite der Fluoridkonzentration keine Aussage getroffen werden. Die bestimmte Größenordnung der Fluorkonzentration passt aber gut zum angegebenen Wert.

Im Fall der Trinkwasserproben konnte gezeigt werden, dass die mit HR-CS-MAS ermittelten Fluorgehalte sowohl für unterschiedliche Verdünnungsfaktoren der Proben als auch mit den durch ISE bestimmten Gehalten sehr gut übereinstimmen. Die Matrixunabhängigkeit der Methode kann durch sehr gute Wiederfindungsraten im Bereich von 97-106% bestätigt werden.

Die unverdünnt gemessenen Wasserproben aus dem Forst Gotha stimmen, im deutlich unter der Bestimmungsgrenze der ISE liegenden Bereich, sehr gut mit den Gehalten der 1:1 (v:v) verdünnten Proben überein. Auf diese Weise zeigt sich die höhere Empfindlichkeit und Nachweisstärke der HR-CS-MAS gegenüber der ISE als Methode zur Fluoridbestimmung.

Zur unabhängigen Überprüfung der Messergebnisse wurden zwei zertifizierte Wasserproben auf ihren Fluoridgehalt untersucht. Das CRM Hamilton-20 wurde mit einer WFR von 100% exakt wiedergefunden.

Das zweite CRM, ION-915, hatte wegen der deutlich niedrigeren Verdünnung einen höheren Anteil an Matrixionen. Die Konzentration der Störionen für dieses CRM wurde im Zertifikat des CRM`s

5 - Applikationen

für Ca^{2+} und Mg^{2+} mit 13,7 mg L^{-1} und 2,88 mg L^{-1} und der Gehalt an Chloridionen mit 1,42 mg L^{-1} angegeben. Auch für dieses CRM konnte mit HR-CS-MAS in Übereinstimmung mit den Untersuchungen zur Matrixbeeinflussung des GaF-Signals in Abschnitt 4.2, Seite 86 ff. eine F-Konzentration von 41 µg L^{-1} F^- ermittelt werden, die zwischen der im Referenzmaterialienkatalog mit 48 µg L^{-1} F^- und der des Informationswertes im Zertifikat des CRM`s von 30 µg L^{-1} F^- lag.

Anhand der Ergebnisse der untersuchten Wasserproben konnte gezeigt werden, dass die entwickelte Methode, ohne die Notwendigkeit einer Standardadditionsmethode (wie von Heitmann et al. [93] zur Kompensation von Matrixeinflüssen vorgeschlagen) zur Bestimmung von Fluor mit HR-CS-MAS geeignet ist. Die Ergebnisse wurden bereits unter [135] publiziert. Für niedrig konzentrierte Fluoridkonzentrationen konnte die Überlegenheit der neu entwickelten HR-CS-MAS-Methode gegenüber der ISE-Bestimmungsmethode durch die deutlich niedrigere Nachweisgrenze dokumentiert werden.

5.2 Bestimmung von Fluor in Zahncreme

5.2.1 Problemstellung

Der Nutzen von Fluoriden in Zahncremes zur Kariesprophylaxe ist heute allgemein bekannt. Aus diesem Grund enthalten weltweit über 95% der Zahncremes fluorhaltige Verbindungen als Wirkstoff. Eine effektive Formulierung erfordert, dass das Fluorid dem Zahnschmelz in einer bioaktiven Form zur Verfügung steht, damit die Bildung von bakterienhaltigem Plaque verhindert wird. Deshalb werden verschiedene organische und anorganische Salze, aber auch Verbindungen, in denen Fluor kovalent gebunden ist, der Zahncreme zugesetzt [144] (Tab. 16).

Tab. 16:   Typische Fluorverbindungen in Zahncremes.

Anorganische Salze	Organische Aminfluoride	Kovalent gebundenes Fluor
Natriumfluorid (NaF)	Cetylaminhydrofluorid	Dinatriummonofluorphosphat (Na_2PO_3F)
Zinn-II-Fluorid (SnF_2)	N,N`,N`-Tri(β-hydroxyethyl)-N-octadecyl-1,3-diaminopropandihydrofluorid	
Aluminiumfluorid (AlF_3)	Ethanolaminhydrofluorid	

Die anorganischen Salze und die organischen Aminfluoride sind im Wasser sehr gut löslich und bilden das eigentliche bioverfügbare ionische Fluorid.

Hattab et al. [145] beschreiben, dass die der Zahncreme als Reinigungs- und Poliermittel zugesetzten Schleifmittel einen ganz entscheidenden Anteil auf die Verfügbarkeit und die Stabilität des bioverfügbaren Fluorids haben. Im Fall von Ca- oder Al-haltigen Schleifmitteln wird von einem 60-90%igen Verlust an NaF nach nur einer Woche Lagerung bei Raumtemperatur berichtet. Als Ursache wird die Umwandlung des wasserlöslichen NaF in wasserunlösliche Ca- und Al-Fluoride angegeben. Dieser Prozess geht mit dem ungewünschten Verlust an therapeutischer Wirkung der Zahncreme zur Kariesprophylaxe einher.

Zur Verhinderung dieses Effektes wird der Zahncreme wasserlösliches Monofluorphosphat (MFP) zugesetzt, in dem Fluor, entsprechend der Strukturformel in Abb. 45, kovalent gebunden ist.

5 - Applikationen

Speziell in CaCO$_3$-haltigen Zahncremes dient das Na-MFP als Fluorreservoir. MFP hydrolysiert zunächst nur in Natriumkationen und das PO$_3$F^{2-}-Anion. Nur 6% des MFP hydrolysiert spontan zu Fluorid und zum Phosphation. Wird das Löslichkeitsgleichgewicht durch Bildung von schwerlöslichen Fluoriden verschoben, liefert das MFP das verlorengegangene Fluorid durch weitere Hydrolyse nach:

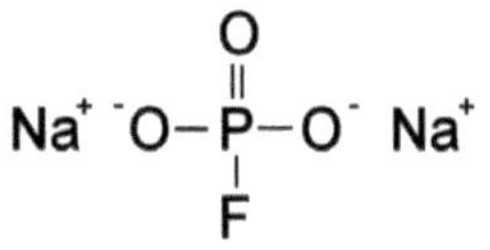

$$\text{Na}^+ \ ^-\text{O}-\overset{\overset{\text{O}}{\|}}{\underset{\text{F}}{\text{P}}}-\text{O}^- \ \text{Na}^+$$

Abb. 45: Strukturformel von Dinatriummonofluorphosphat (Na$_2$PO$_3$F, Na-MFP).

Da der Unterschied zwischen therapeutischem Effekt und Toxizität von Fluor nur sehr klein ist, ist eine genaue und schnelle Methode zur Bestimmung von ionischem, lös-lichem und Gesamtfluor in Übereinstimmung mit den gesetzlichen Regelungen und Empfehlungen zur täglichen Gesamtfluoraufnahme, aber auch unter dem Gesichtspunkt der Haltbarkeitseigenschaften von Zahncremes, essenziell.

5.2.2 Ionisches Fluor

Das lösliche, ionische (bioaktive) Fluorid kann, wie bereits unter Abschnitt 2.2, Seite 10 ff. beschrieben, mit einer F-ISE sehr einfach und auch in getrübten Lösungen oder Suspensionen der Zahncreme bestimmt werden. In diesem Fall besteht keine Notwendigkeit, diese Methode durch ein alternatives Verfahren zu ersetzen.

5.2.3 Lösliches Fluor

Das lösliche Fluorid in der Zahncremesuspension entspricht der Summe aus ionischem Fluorid und dem aus der Hydrolyse des MFP gebildeten Fluorid. Zur Bestimmung des löslichen Fluorids wird der Niederschlag der Suspension abgetrennt und im Überstand der pH-Wert auf < 2-3 durch Zugabe von konzentrierter HCl gesenkt [145]. Mögliche Verluste durch entstehenden freien Fluorwasserstoff müssen durch schnelles Verschließen der Probengefäße vermieden werden. Im Anschluss daran kann dann das lösliche Fluor nach pH-Werteinstellung mit einer F-ISE bestimmt werden. Der sich ergebende hohe Salzgehalt durch die Neutralisation muss zur Gewährleistung der ISE-Arbeitsbedingungen über die Anpassung der Ionenstärke ausgeglichen werden. Alternativ können das PO_3F^{2-}-Ion und das Fluorid auch direkt mit IC bestimmt werden [146]. Diese Methode ist aber sehr stark vom pH-Wert abhängig. Ein zu niedriger pH-Wert würde Phosphat und das PO_3F^{2-}-Ion zusammen eluieren, während ein zu hoher pH-Wert zu langen Retentionszeiten führt und damit die Probendurchlauffrequenz unerwünschter Weise reduzieren würde [147].

5.2.4 Gesamtgehalt an Fluor

5.2.4.1 Fluorsensitive Elektrode

Die Bestimmung des Gesamtgehaltes an Fluor unter Nutzung der ISE beruht auf der Methode der sauren Hexamethyldisiloxan (HMDS)-Diffusion, die zuerst von Traves [148] beschrieben wurde. Dazu wird die Probe mit konzentrierter Perchlorsäure ($HClO_4$) versetzt, wodurch HMDS zu Trimetylfluorsiloxan (TMFS) reagiert. Der Diffusionsprozess dauert bei Raumtemperatur ungefähr 7 h. Im Anschluss wird das flüchtige TMFS in einer alkalischen Lösung aufgefangen, neutralisiert, gepuffert und schließlich das Fluorid mit der F-ISE bestimmt.
Auch bei dieser Methode sind ein möglicher Verlust an TMFS, Interferenzen und Störungen der ISE durch die sich ergebende hohe Salzfracht bei der Neutralisation, die lange Analysendauer sowie das generelle Arbeiten mit konzentrierter Perchlorsäure problematisch.

5.2.4.2 Gaschromatographie

Eine Alternative bietet die Anwendung der Gaschromatographie (GC) zur Bestimmung des Gesamtfluorgehaltes [21, 149, 150]. Diese Methode entspricht der derzeitigen offiziellen Methode der Europäischen Union (EU) zur Bestimmung von Gesamtfluor in Zahncreme [136].
Die GC-Methode basiert auf der Derivatisierung von Triethylchlorosilan (TECS) in Gegenwart von Salzsäure und einer folgenden Extraktion mit Xylol unter Verwendung von Cyclohexan als internen Standard. Nachteil dieser Methode ist die im Vorfeld durchzuführende Hydrolyse des MFP mit Salzsäure und die daraus resultierenden möglichen Verluste des Analyten.

5 - Applikationen

Im Vergleich zur Bestimmung des ionischen und gelösten Fluor sind die Methoden zur Bestimmung von Gesamtfluor in Zahncreme deutlich komplexer, ungenauer, zeitaufwändiger und prädestiniert für systematische Fehler durch Analytverluste.

5.2.4.3 Molekülabsorptionsspektrometrie

Aus diesem Grund nutzten Gomez et al. [151] erstmals die MAS zur Bestimmung des Gesamtfluorgehaltes. Sie empfahlen die Bildung von gasförmigem AlF in der Flammen-AAS und bestimmten die Absorption des Moleküls auf einer von einer Pt-HKL emittierten Wellenlänge von 227,45 nm. Das Verfahren fand jedoch aufgrund der bereits beschriebenen gerätetechnischen Begrenzungen keine breite Anwendung (Abschnitt 2.5, Seite 22 ff.).

5.2.4.4 Bestimmung mit HR-CS-MAS

Ohne die Limitierungen der damaligen, niedrig auflösenden Spektrometer und der begrenzten Verfügbarkeit geeigneter Strahlungsquellen soll nun die Bestimmung des gelösten Fluors und des Gesamtgehaltes an Fluor in Zahncreme mit den neuen Möglichkeiten der HR-CS-MAS untersucht werden. Ziel ist es, eine schnelle und zuverlässige Methode mit wenig manuellem Probenvorbereitungsaufwand zur Verfügung zu stellen. Die entwickelte Methode unter Anwendung der GaF-Molekülabsorption soll für diese Fluorbestimmung in Zahncreme getestet werden.

5.2.5 Proben

Vier kommerziell erhältliche Zahncremes wurden in einer Drogerie erworben, zwei Sorten Zahncreme wurden von einem Hersteller für diese Untersuchung speziell präpariert. Diese speziellen Zahncremes, Colgate Total und Colgate Max, wurden in drei Konzentrationsstufen von Fluor hergestellt. Die übliche Standardkonzentration wurde als 100% bezeichnet. Zusätzlich wurden Proben mit je 70% und 130% hergestellt. Obwohl der Hersteller keine genauen Angaben zu den 100%-Konzentrationen gemacht hat, wurde ein für Zahncreme typischer Wert von 1450 ppm F angenommen, um eine Bewertung für die weiteren Betrachtungen durchführen zu können. Eine Sorte dieser präparierten Zahncremes enthielt nur ionisches, wasserlösliches Natriumfluorid, die

5.2 - Bestimmung von Fluor in Zahncreme

andere Sorte nur wasserlösliches, aber vorwiegend kovalent gebundenes Dinatriummonofluorphosphat (Na-MFP).

In Tab. 17 sind die Proben und deren fluorhaltige Inhaltsstoffe nach Herstellerangabe zusammengefasst.

Tab. 17: Fluorspezies der untersuchten Zahncremes und ihre spezifizierten bzw. angenommenen Fluorkonzentrationen.

Zahncreme		Inhaltsstoffe	Konzentration in ppm F
Colgate Total	70%		1015 [a]
	100%	Natriumfluorid (NaF)	1450 [a]
	130%		1885 [a]
Colgate Max	70%		1015 [a]
	100%	MFP	1450 [a]
	130%		1885 [a]
Eurodent		Natriumfluorid (NaF)	1450
Elmex		Aminfluorid (Olafluor)	1400
Signal		Natriumfluorid (NaF) MFP	1450
Amin Med		Natriumfluorid (NaF) Aminfluorid	400 800

[a] angenommene Konzentration

5.2.6 Probenvorbereitung

5.2.6.1 HR-CS-MAS

Zur Bestimmung des Gesamtgehaltes an Fluor mit HR-CS-MAS wurden 10-20 mg der Zahncreme in Probengefäße aus Polypropylen eingewogen und mit deionisiertem Wasser bis 50 mL aufgefüllt. Zum schnelleren Lösen der wasserlöslichen Bestandteile wurden die Proben für 5 min im Ultraschallbad behandelt. Die so erhaltenen Zahncremesuspensionen wurden danach sofort, ohne Filtration oder pH-Wert-Anpassung, um einen Faktor 10 mit deionisiertem Wasser für die folgende Konzentrationsbestimmung mit HR-CS-MAS verdünnt.

5 - Applikationen

Zur Bestimmung des löslichen Fluorids wurden die Proben nach Einwaage, Auffüllen und der Ultraschallbehandlung vor dem Verdünnungsschritt für 5 min mit 2700 min^{-1} zentrifugiert. Nur der klare Überstand wurde dann verdünnt und zur Bestimmung mit HR-CS-MAS verwendet.

5.2.6.2 ISE

Wegen der geringeren Empfindlichkeit der ISE-Bestimmung für Fluor, im Vergleich zur HR-CS-MAS-Methode, wurde die Probeneinwaage der Zahncremes auf 1 g erhöht. Die weiteren Schritte zur Unterscheidung des Gehaltes an Gesamtfluor und löslichem Fluorid wurden wie bei der Bestimmung mit der HR-CS-MAS-Methode durchgeführt. Zur Gewährleistung der gleichen Ionenstärke von Probe und Kalibrierstandard musste die Probe vor dem Messen im Verhältnis 1:1 mit der TISAB- Lösung verdünnt werden.

5.2.6.3 GC-MS

Ungefähr 25 mg der Zahncreme wurden in ein 15 mL Röhrchen aus Teflon gegeben und mit 10 mL deionisiertem Wasser, 300 µL konzentrierter Salzsäure und 30 µL Dichlordimethylsilan versetzt und sofort verschlossen. Nach einer Reaktionszeit von 10 min wurden die Proben in den Headspace-GC gestellt und dort für weitere 10 min belassen. Während der gesamten Reaktions- und Extraktionszeit wurden die Proben im Gefäß bei Raumtemperatur mit einem Magnetrührer durchmischt.
Im Anschluss wurden die Zahncremes auf den Gesamtgehalt an Fluor mit der GC-MS untersucht.

5.2.7 Kalibrierung mit HR-CS-MAS

Im Gegensatz zu der im Abschnitt 5.1, Seite 95 ff. durchgeführten Fluorbestimmung in Wasserproben, bei der die Analytkonzentrationen teilweise nahe der Nachweisgrenze lagen, kann bei der Bestimmung von Fluor in Zahncreme generell von einer relativ hohen Fluorkonzentration ausgegangen werden. Vergleicht man in unterschiedlichen Zahncremes die Herstellerangaben zur Fluorkonzentration, so enthalten diese überwiegend ca. 1400 ppm Fluor. Aus diesem Grund ist eine maximale Empfindlichkeit der MAS-Methode nicht unbedingt erforderlich. Andererseits ist es aber

5.2 - Bestimmung von Fluor in Zahncreme

sinnvoll, durch eine moderate Verdünnung die in den Zahncremes zu erwartenden Matrixeinflüsse durch Ca^{2+}- bzw. Al^{3+}-Ionen zu reduzieren.

Die Verwendung von $NH_4H_2PO_4$ als Modifier ist zur Bestimmung von Fluor in Zahncreme daher zu empfehlen, da wegen der typischen Inhaltsstoffe mit hohen Konzentrationen an Ca^{2+}- bzw. Al^{3+}-Ionen als empfindlichkeitsbeeinflussende Matrixelemente zu rechnen ist (Abschnitt 4.2.3, Seite 89 ff.). Auf die Verwendung von NaAc als Modifier kann verzichtet werden, da die signalerhöhende Wirkung für eine gute Empfindlichkeit bei der Bestimmung von Fluor in Zahncreme nicht wirklich notwendig ist.

In Tab. 18 sind die Zahl und die Menge der verwendeten Modifier wiedergegeben, die zur Bestimmung von Fluor in Zahncreme verwendet wurden. Das Temperatur-Zeit-Programm in Tab. 7, Seite 64 wurde dazu nicht verändert.

Für die Fluorbestimmung in Zahncreme ist eine Menge von 5 µL $NH_4H_2PO_4$-Modifier vollkommen ausreichend. Soll aber eine größere Menge Phosphat zur Stabilisierung eingesetzt werden (Abschnitt 5.5, Seite 123 ff.), kann dieser Modifier zur Reduktion des Gesamtinjektionsvolumens beim Probeninjektionsschritt auch thermisch vorbehandelt werden. Das PO-Molekül ist bei einer Vorbehandlungstemperatur von 1200 °C stabil und verdampft erst ab Temperaturen > 1400 °C.

Tab. 18: Art, Volumen und Konzentration der verwendeten Modifier sowie deren Einsatz (in der thermischen Vorbehandlung oder zusammen mit 20 µL Probe) zur Bestimmung von Fluor in Zahncreme, MA nach dem TZP in Tab. 7, Seite 64.

Modifier, Ga-Reagens	Volumen	Konzentration	thermische Vorbereitung (1100°C)	Injektion zus. mit der Probe
Pd/Zr in 0,5% HNO_3	5 µl	0,1% m/v Pd 20 mg L^{-1} Zr	ja in Schritt 1-5 (Tab. 7)	nein
$Ga(NO_3)_3$ in H_2O	5 µl	10 g L^{-1} Ga	ja in Schritt 1-5 (Tab. 7)	nein
$Ga(NO_3)_3$ in H_2O	2 µL	10 g L^{-1} Ga	nein	ja in Schritt 6-11 (Tab. 7)
NH4H2PO4 in H_2O	5 µL	0,1% $NH_4H_2PO_4$	nein	ja in Schritt 6-11 (Tab. 7)

Die Kalibrierung erfolgte analog Abschnitt 5.1.2, Seite 96 ff. im Konzentrationsbereich von 10-50 µg L^{-1} F mit Ausnahme der erwähnten Unterschiede beim Einsatz der Modifier und der sich daraus ergebenden notwendigen Korrektur der PO-Molekülstrukturen. Auf eine erneute Darstellung der sehr ähnlichen Kalibrierung wird aus diesem Grund verzichtet.

5.2.8 Ergebnisse und Diskussion

5.2.8.1 Gesamtfluorgehalt und gelöstes Fluor mit HR-CS-MAS

Die mit HR-CS-MAS bestimmten Konzentrationen an gelöstem Fluor und an Gesamtfluor in den untersuchten Zahncremes sind in Tab. 19 dargestellt.
Wie aus den Ergebnissen in Tab. 19 zu sehen ist, ergibt sich eine sehr gute Übereinstimmung (r = 0,99) zwischen den angegebenen bzw. angenommenen Fluorkonzentrationen des Herstellers und den mit HR-CS-MAS ermittelten Gesamtgehalten an Fluor.
Sowohl der sich ergebende Vertrauensbereich der Mittelwerte in einer Größe von 20-30 ppm F (ca. 2% F relativ), als auch die Wiederholpräzision der aus drei Parallelbestimmungen erhaltenen Mittelwerte, liegt mit 0,6-4,5% in einem auch für die klassische Graphitrohr-AAS typischen Bereich.
Im Vergleich zum Gesamtgehalt an Fluor der Zahncremeproben konnte der Gehalt an gelöstem Fluor in der gleichen Größenordnung ermittelt werden. Die Werte liegen tendenziell zwar etwas niedriger, unterscheiden sich aber nach der Durchführung eines t-Testes mit P=0,95 nicht signifikant voneinander.

Tab. 19: Gesamt- und gelöste Fluorkonzentration in den mit HR-CS-MAS untersuchten Zahncremeproben.

Zahncreme	Angegebene/ angenommene Konzentration in ppm	Gesamt F-Konzentration MAS^a in µg g^{-1}	s_{rel}^b in %	Gelöste F-Konzentration MAS^a in µg g^{-1}	s_{rel}^b in %
Colgate Total 70%	1015	1000 ± 29	0,6	997 ± 30	0,9
Colgate Total 100%	1450	1520 ± 28	2,7	1330 ± 34	1,5
Colgate Total 130%	1885	1960 ± 28	0,6	1850 ± 24	2,9

5.2 - Bestimmung von Fluor in Zahncreme

Zahncreme	Angegebene/ angenommene Konzentration in ppm	Gesamt F-Konzentration MAS^a in µg g^{-1}	s_{rel}^b in %	Gelöste F-Konzentration MAS^a in µg g^{-1}	s_{rel}^b in %
Colgate Max 70%	1015	1030 ± 30	2,8	1010 ± 32	2,9
Colgate Max 100%	1450	1530 ± 28	1,8	1510 ± 23	1,3
Colgate Max 130%	1885	1930 ± 25	2,1	1840 ± 22	2,2
Eurodent	1450	1430 ± 21	0,8	1510 ± 23	0,9
Elmex	1400	1390 ± 25	1,4	1420 ± 25	0,4
Signal	1450	1490 ± 26	2,7	1430 ± 17	1,0
Amin Med	1200	1180 ± 20	4,5	1130 ± 20	1,3
QC Standard 2	20 µg L^{-1}	19,8 ± 0,63 µg L^{-1}	3,7		
QC Standard 4	40 µg L^{-1}	39,1 ± 0,59 µg L^{-1}	0,6		

^{a} Mittelwert ± Vertrauensbereich mit P= 0,95
^{b} Relative Standardabweichung von 3 Wiederholmessungen

Eine am Ende der Messreihe als interne Qualitätskontrolle durchgeführte Messung von zwei Standards der Kalibrierung bestätigt eine unveränderte Methodenempfindlichkeit durch Wiederfindungsraten von 98% bzw. 99% der zu erwarteten F-Konzentration.

5.2.8.2 Vergleich des Gesamtfluorgehalts und der gelösten Fluorkonzentration, bestimmt mit HR-CS-MAS und alternativen Methoden

In Tab. 20 wurden die mit HR-CS-MAS ermittelten Konzentrationen für den Gesamtfluorgehalt und das gelöste Fluor in Zahncremes den Ergebnissen alternativer Bestimmungsmethoden gegenübergestellt.

Vergleich mit der GC-MS-Bestimmungsmethode

Der Gesamtfluorgehalt mit HR-CS-MAS wurde mit der offiziellen GC-MS-Bestimmungsmethode für Zahncreme verglichen (Spalten 1 und 2 der Tab. 20). Die Werte zeigen für 8 von 10 Proben keinen signifikanten Unterschied in der ermittelten F-Konzentration. Für zwei Proben (Colgate Max 130% und Amin Med) wurden jedoch mit der GC-MS-Methode signifikant höhere Werte ermittelt. Der Unterschied blieb trotz Wiederholung bestehen.

5 - Applikationen

Eine mögliche Erklärung könnte in der Probenkonsistenz der Zahncremes liegen. Teilweise kam es bei den Zahncremes zu einer Separation von Flüssigkeit und Feststoff, wodurch möglicherweise der Fehler schon bei der Probennahme lag.

Verbesserungen

Eine sinnvolle Möglichkeit zur Verbesserung der Methode wäre eine Erhöhung der Probeneinwaage mit dem Ziel, eine repräsentative Einwaage zu gewährleisten. Die Bestimmung des Fluorgehaltes kann dann auf einer weniger empfindlichen GaF-Molekülabsorptionslinie erfolgen, wie in Abschnitt 5.5, Seite 123 bei der Anwendung der direkten Feststoff-MAS beschrieben wird.

Tab. 20: Vergleich der mit HR-CS-MAS ermittelten Werte der Gesamtfluorkonzentrationen mit den Ergebnissen der GC-MS und des gelösten (bioaktiven) Fluorids mit Ergebnissen durch Nutzung der Fluorid-ISE.

Zahn-creme	Fluor-spezies	Ermittelte Konzentration in ppm F					
		Gesamt-F mit HR-CS MAS^a	Gesamt-F mit GC-MS^a	Gelöstes F mit HR-CS-MAS		Ionisches F mit ISE	
		1	2	3	% MAS (gesamt)	4	% MAS (gelöst)
Colgate Total 70%	NaF	1000 ± 29	1030 ± 30	997 ± 30	100	990 ± 149	99
Colgate Total 100%	NaF	1520 ± 28	1480 ± 20	1330 ± 34	92	1390 ± 209	104
Colgate Total 130%	NaF	1960 ± 28	1930 ± 30	1850 ± 24	94	1850 ± 278	100
Colgate Max 70%	MFP	1030 ± 30	1040 ± 30	1010 ± 32	98	627 ± 94	62
Colgate Max 100%	MFP	1530 ± 28	1480 ± 30	1510 ± 23	98	770 ± 116	51
Colgate Max 130%	MFP	1930 ± 31	1990 ± 10	1840 ± 22	94	1020 ± 153	55
Eurodent	NaF	1430 ± 21	1400 ± 10	1510 ± 23	104	1190 ± 179	78

5.2 - Bestimmung von Fluor in Zahncreme

Zahn-creme	Fluor-spezies	Ermittelte Konzentration in ppm F					
		Gesamt-F mit HR-CS MAS[a]	Gesamt-F mit GC-MS[a]	Gelöstes F mit HR-CS-MAS		Ionisches F mit ISE	
		1	2	3	% MAS (gesamt)	4	% MAS (gelöst)
Elmex	Amin-fluorid	1390 ± 25	1380 ± 10	1420 ± 25	102	1270 ± 191	89
Signal	NaF, MFP	1490 ± 26	1470 ± 6	1430 ± 17	97	376 ± 56	26
Amin Med	NaF, Amin-fluorid	1180 ± 20	1360 ± 40	1130 ± 20	95	814 ± 122	72

[a] Mittelwert ± Konfidenzintervall mit P = 0,95

Analysenzeit

Ein anderer wichtiger Aspekt beim Vergleich beider Methoden ist die erforderliche Zeit für ein Analysenergebnis. Sie setzt sich aus Probenvorbereitung und der eigentlichen Messzeit zusammen. Im Fall der GC-MS-Methode beträgt die Reaktionszeit und die Extraktionszeit je 10 min, so dass man mit ca. 30 min für ein Ergebnis rechnen kann. Für die untersuchten Proben inklusive Kalibrierung und drei Wiederholmessungen wurden drei ganze Arbeitstage benötigt. Im Fall der HR-CS-MAS-Methode besteht die Probenvorbereitung nur aus Einwaage, 5 min Ultraschallbadanwendung und dem anschließenden Verdünnen. Durch den standardmäßig integrierten Autosampler kann die komplette Kalibrierung und Probenmessung automatisiert auch über Nacht ablaufen. Ein einzelner Probenlauf wird in ca. 3 min inklusive Ofenkühlung, wie aus dem TZP in Abb. 25, Seite 66 zu ersehen ist, abgearbeitet. Für eine Zahncremeprobe mit drei Wiederholmessungen ergibt sich damit eine Messzeit von ca. 10 min, für die Kalibrierung, bestehend aus einem Blindwert und 5 Kalibrierstandards, ca. eine Stunde. Durch Nutzung der neuen HR-CS-MAS-Methode zur Bestimmung des Gesamtgehaltes an Fluor kann die Analysenzeit gegenüber der EU-Bestimmungsmethode mit GC auf etwa 1/5 der Analysenzeit verkürzt werden.

5 - Applikationen

Vergleich mit der ISE-Bestimmungsmethode

Die mit ISE bestimmten Konzentrationen an ionischem (bioaktiven) Fluorid (Spalte 4 in Tab. 20) stimmen mit den durch HR-CS-MAS ermittelten Gehalten an Gesamtfluor und gelösten Fluor (Spalte 1 und 3 in Tab. 20) für die Colgate Total-Proben sehr gut überein. In diesem Fall wird der Gesamtgehalt an Fluor nur durch das sehr gut wasserlösliche und zu 100% ionisch vorliegende NaF bereitgestellt.

Ist dagegen das teilweise kovalent gebundene MFP als Fluorspezies in der Zahncreme enthalten, so wird erwartungsgemäß mit ISE viel zu wenig, nur noch annähernd die Hälfte des Gesamtfluors bestimmt.

Mit der HR-CS-MAS- Methode kann der Gesamtfluorgehalt und das gelöste Fluor in Zahncreme mit guter Präzision bestimmt werden [152].
Die Bestimmung des ionischen Fluoranteils kann auch weiterhin Aufgabe der ISE bleiben. Die ISE-Bestimmung ist einfach und preiswert in ihrer Anwendung, wenn auch nicht komplett interferenzfrei. Deshalb ergibt sich kein entscheidender Nachteil, wenn beide Methoden problemlos sich ergänzend genutzt werden.
Im Vergleich mit der GC-MS-Bestimmungsmethode kann festgestellt werden, dass die Messergebnisse beider Methoden sowohl im Mittelwert als auch in Bezug auf den Vertrauensbereich sehr gut übereinstimmen. Aus diesem Grund sind beide Verfahren zur Bestimmung von Gesamtfluor in Zahncremes geeignet.
Die neu vorgestellte Bestimmungsmethode von Fluor mit HR-CS-MAS vereinfacht und verkürzt die Probenvorbereitungszeit entscheidend gegenüber der offiziellen EU-Methode und kann auch durch die Nutzung eines Probengebers einfach automatisiert werden.

5.3 Bestimmung des Gesamtgehaltes an Fluor in Blut

5.3.1 Bedeutung

Der in hohen Konzentrationen toxische Einfluss von Fluor auf den Menschen wurde bereits mehrfach hervorgehoben. Eine Untersuchung und Bewertung von möglichen Auswirkungen industrieller Fluoremissionen, z.b. durch Aluminiumwerke, Kunstdüngerfabriken und Kohlekraftwerke, kann durch die Bestimmung von Fluor in Blutserum, Blutplasma und Urin durchgeführt werden [153].

Für die Bestimmung von Fluor in physiologischen Proben ist es notwendig, unterschiedliche Methoden zu verwenden, da in der Blut- und Urinmatrix zwischen ionisch gelöstem Fluor und organisch gebundenen Fluorverbindungen unterschieden werden muss.

5.3.1.1 Ionisches Fluorid

Für den Menschen erfolgt die Bewertung der Fluoraufnahme durch Trinkwasser und Nahrung vorwiegend über die Bestimmung des bioverfügbaren ionisch gelösten Fluorids im Urin mit einer F-ISE [4, 29, 27]. Diese Methode ist zwar einfach, liefert aber nur eine Aussage über sehr kurzfristige Effekte der Fluoraufnahme. Damit ist sie gut geeignet, um Aussagen über die Verweildauer von mit der Nahrung aufgenommenem ionischen Fluor zu beschreiben. Auch der Gehalt an ionischem Fluorid im Blutplasma korreliert im Wesentlichen mit der täglichen, kurzfristigen Fluoridaufnahme aus Nahrung und Zahnpasten [154, 155]. Die Bestimmung des ionisch gebundenen Fluors im Blut erfolgte ebenfalls mit einer F-ISE unter Anwendung der Standardadditionsmethode zur Überwindung von störenden Matrixinterferenzen der Blutmatrix [156].

5.3.1.2 Gesamtfluorgehalt

Die Bewertung von langfristigen gesundheitlichen Effekten durch Fluorexpositionen aus diversen Quellen, wie einer industriellen Emission, kann jedoch nur durch die Untersuchung des Gesamtfluorgehaltes im Blut erfolgen [157]. In der Literatur wurde festgestellt, dass sich der

Gesamtgehalt an Fluor im Blut aus ionischem und organischem kovalent gebundenen Fluor zusammensetzt.

Nach Untersuchungen von Yamamoto et al. [158] sind ca. 74% des Fluors im Blut organisch gebunden und nur ca. 25% liegen in ionischer Form vor. Ein Großteil (40%) des organischen Fluors befindet sich davon in dem Blutkuchen (= rote Blutkörperchen, Blutplättchen und Fibrin), also dem Teil des Blutes, der bei der Gewinnung von Blutserum durch Zentrifugieren abgetrennt wird.

5.3.1.3 Probenvorbereitung zur Bestimmung des Gesamtfluorgehaltes

Die derzeitigen Methoden zur Bestimmung von Gesamtfluor sind deutlich komplizierter und aufwändiger als die Methoden zur Bestimmung von ionischem Fluor, da das organisch gebundene Fluor erst in eine detektierbare ionische Form umgewandelt werden muss.

Diese Umwandlung kann als offene (in Anwesenheit von CaO [159]) oder als geschlossene Veraschung mit einer Sauerstoffbombe [160] durchgeführt werden. Neuere Publikationen beschreiben Untersuchungen, die beispielsweise einen Wickbold-Aufschluss mit einer Sauerstoff/ Wasserstoff-Flamme und anschließender Absorption der Fluoride zur potentiometrischen Bestimmung mit einer F-ISE [161] nutzen.

Eine japanische Arbeitsgruppe [162] verwendete zur Bestimmung des Gesamtfluorgehaltes im Blut die Kopplung eines Verbrennungsofens mit anschließender ionenchromatographischer Detektion (combustion IC).

Alle Verfahren zur Bestimmung des Gesamtfluorgehaltes im Blut besitzen einen sehr hohen Stellenwert für die Bewertung des Fluoreinflusses auf den menschlichen Organismus. Sie sind aber wegen des hohen Zeitaufwandes für die Probenvorbereitung und aufgrund nicht zu vernachlässigender Methodenfehler durch Analytverluste bei der Verdampfung und anschließenden Absorption zur analytischen Detektion, kaum für eine effektive Routineanalytik und die Durchführung von Studien mit einer großen Probenzahl geeignet.

Die beschriebenen Methodennachteile versuchte Venkateswarlu [72] durch die Nutzung der AlF-MAS zu überwinden. In dieser Publikation wurde die Anwendung einer Ca-Phosphat-Absorptionstechnik zur Auftrennung von organisch gebundener und ionischer Fluorfraktion beschrieben. Es wurde allerdings auch von großen Matrixeinflüssen durch anorganische Salze berichtet. Auf diese Weise wurden einige hundert Blutproben von Arbeitern untersucht, die in der Produktion von organischen Fluorchemikalien beschäftigt waren.

5.3.2 Bestimmung mit HR-CS-MAS

Wegen der zunehmenden Präsenz von organischen Fluorverbindungen im täglichen Leben (Abschnitt 5.6, Seite 127 ff.) und den noch nicht ausreichend geklärten Auswirkungen auf den menschlichen Organismus, soll im Folgenden die Praktikabilität der vorgestellten GaF-MAS-Methode zur Bestimmung des Gesamtgehaltes an Fluor im Blut untersucht werden. Aus Mangel an zur Verfügung stehenden Referenzmaterialen, die zur Überprüfung der Messergebnisse herangezogen werden könnten, wurden die Untersuchungen auf zwei Blutserumproben mit unterschiedlichen, allerdings nur für Fluorid zertifizierten Gehalten, beschränkt.

In Tab. 21 sind die Ergebnisse für die Bestimmung von Gesamtfluor im Blutserum mit GaF-MAS wiedergegeben. Die Standardkalibrierung wurde entsprechend der in Abschnitt 5.2.5, Seite 104 ff. beschriebenen Kalibrierung bis 80 µg L^{-1} F durchgeführt. Zur Reduzierung der organischen Matrix wurde im Temperatur-Zeit-Programm als zusätzlicher Pyrolyseschritt eine Veraschung mit Luftsauerstoff bei 550 °C durchgeführt. Vor der weiteren Temperaturerhöhung im TZP wurde der Sauerstoff zum Schutz des Graphitrohres durch einen Argonspülschritt über eine Zeit von 45 s entfernt.

Tab. 21: Ergebnisse der Gesamtfluorbestimmung im Blutserum mit GaF-MAS im Vergleich zu Blutserum mit zertifizierten Fluoridkonzentrationen.

Probe	VF	F- Konzentration in µg L^{-1} F	S_{rel} in %	WFR in % Spike +25 µg L^{-1} F	Zertifizierte F- Konzentration in µg L^{-1} F
Serum Recipe Level 1	10	312 ± 20	6,4	95	48,5 (38,8-58,2)
	5	224 ± 9,8	1,0	84	
		285[a] ± 12			

115

5 - Applikationen

Probe	VF	F- Konzentration in µg L^{-1} F	s_{rel} in %	WFR in % Spike +25 µg L^{-1} F	Zertifizierte F- Konzentration in µg L^{-1} F$^-$
Serum Recipe Level2	10	1030 ± 240	0,1	102	509 (433-585)
	50	1000 ± 110	0,7	105	
QC-Standard 2 40 µg F L^{-1}		45,0 ± 2,0	3,4	113	
QC-Standard 4 80 µg F L^{-1}		81,3 ± 2,8	2,1	102	

^{a} Standardadditionsmethode

Aufgrund fehlender Angaben zum Gesamtfluorgehalt können die bestimmten Fluorgehalte in den Serumproben bezüglich Richtigkeit nicht bewertet werden.

Die ermittelten Fluorkonzentrationen in den unterschiedlich hoch verdünnten Proben stimmen jedoch für hohe Verdünnungsfaktoren sehr gut überein. Auch eine Wiederfindungsrate nahe 100% für das aufaddierte Fluor (+ 25 µg L^{-1}F) lassen auf eine matrixunbeeinflusste Bestimmung schließen.

Lediglich die nur um den Faktor 5 verdünnte Probe zeigt sowohl gegenüber der höher verdünnten Probe eine zu niedrige F-Konzentration als auch eine zu geringe Wiederfindungsrate für das aufaddierte Fluor.

Zur Überprüfung des Matrixeinflusses wurde eine Standardaddition für Fluor in der Blutserummatrix durchgeführt [33]. Der Kalibrierblindwert wurde für die Serumprobe auf Basis seiner F-Konzentration korrigiert. Dazu wurde sowohl der Blindwert als auch die verdünnte Serumprobe mit einer Fluorstammlösung aufaddiert. Im Anschluss wurden die matrixabhängigen Anstiege der Regressionsgerade verglichen.

5.3 - Bestimmung des Gesamtgehaltes an Fluor in Blut

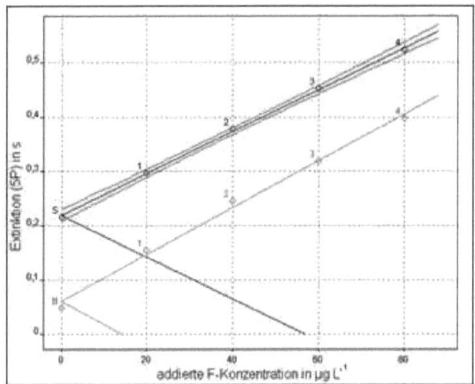

Abb. 46: Regressionsgeraden der mit Fluor addierten Serumprobe (VF 5) und des Blindwertes (graue Regressionsgerade).

In Abb. 46 sind beide Regressionsgeraden dargestellt. Der Anstieg der Regressionsgeraden (Tab. 22:) ist für die addierte Serumprobe ca. 10% geringer als der Anstieg der Regressionsgeraden für den addierten Blindwert. Das Signal wird in dieser Matrix und Verdünnung also nur leicht unterdrückt.

Tab. 22: Anstieg der Regressionsgeraden der mit Fluor addierten Blindwert- und Serumprobe (VF5) aus Abb. 46.

Probe	Anstieg in L µg^{-1} s^{-1}
Blindwert	0,00431
Serum Recipe Level 1 (VF 5)	0,00385

Zusammenfassend kann festgestellt werden, dass die Fluorbestimmung in Blutserumproben zur Bestimmung des Gesamtfluorgehaltes mit der entwickelten GaF-MAS-Methode erfolgreich angewendet werden kann. Der Matrixeinfluss der Serumprobe kann ab Verdünnungsfaktoren ≥ 10 vernachlässigt werden. Eine Bestimmung des Gesamtfluorgehaltes ist in diesem Fall unter Verwendung einer Standardkalibrierung möglich.

5 - Applikationen

5.4 Bestimmung von Fluor in Futtermitteln und Sedimenten

5.4.1 Bedeutung

Neben den direkten Auswirkungen erhöhter Fluoremissionen auf den Menschen sind auch die Auswirkungen auf Tiere, Pflanzen und Umwelt, als indirekte Einflussgrößen auf den Menschen, relevant. In einer Untersuchung zur Fluorbelastung in der Umgebung einer Kunstdüngerfabrik in Polen wurden unter Berücksichtigung von Windrichtung und Windstärke Luft-, Pflanzen- und Bodenproben wöchentlich auf den Fluorgehalt untersucht [153]. Es konnte eine erhebliche Umweltbelastung durch diese Fluoremission nachgewiesen werden.
Aus dieser Tatsache ergibt sich die Notwendigkeit einer Kontrolle von Futtermittel auf den Fluorgehalt. 2004 wurde dazu ein Gutachten [163] erarbeitet. 2005 wurde in der letzten Änderung der EU-Richtlinie [164] nun auch Fluor zusammen mit Blei und Cadmium als ein in der Tierernährung unerwünschter Stoff eingestuft. Futtermittel unterliegen seitdem einer regelmäßigen analytischen Kontrolle auf den Gehalt an Fluor.

5.4.2 Bestimmung mit HR-CS-MAS

Als Grundlage zur Überprüfung des Bestimmungsverfahrens von Gesamtfluor mit der entwickelten HR-CS-MAS-Methode in festen Proben, wie Futtermittel, Boden und Pflanzen dienten zunächst die für den Gesamtfluorgehalt zertifizierten Referenzmaterialien (CRM) (Tab. 23).

5.4.2.1 Königswasseraufschluss

Als erstes wurde das in der AAS für die Schwermetallanalytik typische Aufschlussverfahren getestet - die saure Extraktion mit Königswasser unter Verwendung einer mikrowelleninduzierten Heizung.
Diese Methode der Probenvorbereitung führte bei Einsatz der normalen PTFE-Gefäße zu hohen Blindwerten von 20-30 ppm F, bezogen auf eine Einwaage von 0,1 g Probematerial. Ein Ersatz der PTFE-Gefäße durch Quarzgefäße konnte die Blindwertproblematik zwar lösen, führte jedoch zu erheblichen Minderbefunden an Gesamtfluor (teilweise WFR < 50%), bezogen auf die zertifizierten Werte.

5.4.2.2 Alkalischer Schmelzaufschluss

Nur der alkalische Schmelzaufschluss entsprechend Methodenhandbuch des VDLUFA (Verband Deutscher Landwirtschaftlicher Untersuchungs- und Forschungsanstalten) [165] lieferte niedrige Blindwerte sowie zufriedenstellende und den zertifizierten Werten entsprechende Gesamtfluorgehalte.

Für die Nutzung der HR-CS-MAS-Methode war es allerdings Voraussetzung, dass zum Lösen der NaOH-Schmelze nur deionisiertes Wasser verwendet wurde. Im Fall von Salzsäure, die zur Neutralisation und pH-Werteinstellung für die entsprechend VDLUFA [165] anschließende F-Bestimmung mit ISE eingesetzt wird, kommt es zu Minderbefunden. Ursache ist der hohe Gehalt an Chlorid- und Säureionen. Durch die Bildung von GaCl als Konkurrenzreaktion zur gewünschten Bildung von GaF und durch den hohen Säuregehalt wird die Empfindlichkeit der Methode deutlich reduziert.

Zum Nachweis der Anwendbarkeit der GaF—MAS-Methode zur Bestimmung von Gesamtfluor in Futtermittel, Sedimenten und Pflanzenproben wurden die in Tab. 23 beschriebenen Proben untersucht.

Tab. 23: Untersuchte Proben, angegebene F-Gehalte und deren Bestimmungsmethoden.

Proben	Material	Matrix	Angaben zum F-Gehalt
Hamilton-20	Zertifiziertes Referenzmaterial (CRM)	Wasser	Fluorid
123/05/M Probe C	Ringversuchsprobe TLL	Futtermittel	(a) Schmelzaufschluss ISE mit Standardaddition
F 490	Ringversuchsprobe IAG 2010	Futtermittel (Mixed Feed)	(b) Fluor als HCl-extrahierbares Fluorid (EU-Methode)
F 491	Ringversuchsprobe IAG 2010	Futtermittel Luzerne (Alfalfameal Pellets)	(b) Fluor als HCl-extrahierbares Fluorid (EU-Methode)

5 - Applikationen

Proben	Material	Matrix	Angaben zum F-Gehalt
NCS DC 73349	Zertifiziertes Referenzmaterial (CRM)	Blätter und Zweige (Bruches+Leaves)	Gesamtfluorgehalt
NCS DC 73325	Zertifiziertes Referenzmaterial (CRM)	Boden (soil)	Gesamtfluorgehalt

Bei den Angaben zum Fluorgehalt in Tab. 23 handelt es sich um unterschiedliche Probenvorbereitungsverfahren, deren Charakteristika im Folgenden stichpunktartig aufgeführt sind:

- **Alkalischer Schmelzaufschluss** [165, 166] **zur Messung mit ISE**
  - Einwaage von 1 g trockener, gemahlener Probe
  - Veraschen im Ni-Tiegel bei 500 °C im Muffelofen
  - Zugabe von ca. 1,25 g NaOH-Plätzchen (6 Stück)
  - Aufschmelzen mit dem Bunsenbrenner
  - Lösen des Rückstandes durch Zugabe von HCl und TISAB-Lösung
- **HCl-extrahierbares Fluorid (EU-Methode** [164]**)**
  - Einwaage von trockener, gemahlener Probe
  - Zugabe von 1 N HCl
  - Extraktion mit Magnetrührer bei Raumtemperatur für 20 min
  - Neutralisation mit NaOH und TISAB-Lösung

5.4.3 Ergebnisse und Diskussion

Die Ergebnisse zur Bestimmung von Gesamtfluor mit HR-CS-MAS in Futtermittel, Boden, Pflanzen und Wasser sind in Tab. 24 dargestellt.

Tab. 24: Ergebnisse der Bestimmung von Gesamtfluor mit HR-CS-MAS in Futtermittel, Boden, Pflanzen und Wasser, verglichen mit Ergebnissen der F-ISE-Bestimmung nach alkalischem Schmelzaufschluss und Standardadditionsmethode sowie anhand der Wiederfindungsrate (WFR) mit den zertifizierten Gehalten der CRM`s.

5.4 - Bestimmung von Fluor in Futtermitteln und Sedimenten

Probe	VF	F-Konzentration (HR-CS-MAS) in mg kg^{-1} F	s_{rel} in %	F-Konz. (ISE, Standadd.) in mg kg^{-1} F	erwartete F-Konzentration in mg kg^{-1} F	WFR MAS in %
Hamilton-20	10	411 ± 17 µg L^{-1}	2,5	434 µg L^{-1}	420 ± 78 µg L^{-1}	98
123/05/M Probe C	20	46,5 ± 3,7	2,3	40,7	45,5 ± 4,6	102
F 490	50	81,9 ± 3,7	7,2	75	40,8 ± 12,8	
F 491	10	4,18 ± 0,84	7,1	4,98	3,58 ± 9,4	
NCS DC 73349	10	19,2 ± 0,8	1,9	22	23 ± 4	83
NCS DC 73325	200	318 ± 15	2,6	nicht bestimmbar	321 ± 29	99
QC-STD 4	1	41,5 ± 1,7 µg L^{-1}	1,3		40,0 µg L^{-1}	104

- Durch die ermittelte Wiederfindungsrate von 104% des internen Qualitätskontrollstandards (Standard 4 der Kalibrierung) und die Wiederfindungsrate von 98% der Qualitätskontrollprobe (wässriges Referenzmaterial Hamilton-20) nach dem Messen der aufgeschlossenen Proben konnte nachgewiesen werden, dass die Methode bezüglich Empfindlichkeit stabil ist.
- Der Nachweis von Matrixunabhängigkeit der Methode erfolgte durch den Ergebnisvergleich mit einer alternativen Messmethode. Dazu wurde die Fluorbestimmung mit der ISE-Methode nach dem Standardadditionsverfahren durchgeführt.
- Sowohl die Ergebnisse der HR-CS-MAS als auch die der ISE-Methode für die hier untersuchten Proben beruhten auf der Bestimmung von Fluor nach alkalischem Schmelzaufschluss. Die Ergebnisse beider Methoden korrelieren für alle untersuchten Proben mit r > 0,99 sehr stark.
- Die Bestimmung des Fluorgehaltes im Aufschluss des CRM NCS DC 73325 (Boden) war mit der ISE-Methode auch mit Standardaddition nicht möglich.

Durch den im Zertifikat ausgewiesenen hohen Gehalt an Fe (19% Fe_2O_3), Al (29% Al_2O_3), Mg (0,3% MgO) und Ca (0,2% CaO) wurde die Fluorbestimmung mit der ISE durch Komplexbildung zu stark gestört.

5 - Applikationen

Die Fluorbestimmung der HR-CS-MAS-Methode ist dagegen so empfindlich, dass die alkalische Aufschlusslösung vor der eigentlichen Messung noch um einen Faktor 200 verdünnt werden konnte. Die resultierenden Konzentrationen an Fe und Al liegen unter 15 mg L^{-1} und die an Mg und Ca unter 0,5 mg L^{-1} und stören die Fluorbestimmung entsprechend den Untersuchungen aus Abschnitt 4.2.3, Seite 89 ff. nicht.

- Der Vergleich der mit HR-CS-MAS ermittelten Fluorgehalte mit den zertifizierten Werten für Fluor führt ebenfalls zu einer sehr guten Übereinstimmung, jedoch nur, wenn Werte für gleiche Aufschlussverfahren verglichen werden. Da mit der HR-CS-MAS nur die Summe an Fluor, unabhängig von ihrer Bindungsform erfasst wird, dürfen mit dieser Methode auch nur Messwerte anderer Analysenverfahren nach einem Aufschlussverfahren zur Erfassung des Gesamtfluorgehaltes in der Probe verglichen werden.

- Die neue EU-Methode [164] liefert nach Extraktion mit Salzsäure im Ergebnis teilweise deutlich niedrigere Fluorgehalte. Ursache hierfür ist sehr wahrscheinlich das unterschiedliche Extraktionsverhalten der polaren, wässrigen Salzsäure in den untersuchten Proben in Abhängigkeit von der Bindungsform des Fluors (organisch oder ionisch gebundenes Fluor). Aus diesem Grund können und sollten die Ergebnisse dieser EU-Methode auch nicht direkt mit einem Gesamtaufschlussverfahren, wie dem alkalischen Schmelzaufschluss, verglichen werden.

Als Konsequenz aus dieser Tatsache stellt sich die Frage, ob mit der EU-Extraktionsmethode wirklich nur die ionischen, wasserlöslichen Verbindungen in Futtermitteln erfasst werden sollen und alle organisch gebundenen und schwerlöslichen Fluorverbindungen in der Gesamtbilanz der täglichen Fluoraufnahme der Tiere vernachlässigt werden dürfen. Das würde bedeuten, dass diese für die Vorsorge und den Schutz der Tiergesundheit keine Bedeutung hätten.

5.5 Bestimmung von Fluor mit direkter Feststoff-HR-CS-MAS

5.5.1 Vorteile der direkten Feststoff-AAS

Die Bestimmung von Fluor in festen Proben erfordert bei den bis jetzt beschriebenen Verfahren zwingend eine vorgelagerte Probenvorbereitung mit dem Ziel, den Analyten in eine flüssige, detektierbare Form zu überführen. Wie bereits in Abschnitt 5.4.2, Seite 118 ff. beschrieben, ist die Wahl des Probenaufschlussverfahrens entscheidend für die Art und Menge des detektierbaren Analyten.

In gleicher Weise beeinflussen mögliche Blindwerte des ubiquitär vorkommenden Fluors durch eingesetzte Chemikalien und Geräte das Analysenergebnis. Die sich durch den Probenaufschluss zwangsläufig ergebende Analytverdünnung führt außerdem zu einer Verschlechterung von Bestimmungs- und Nachweisgrenze der Methode. Auch der Aufwand für die Probenvorbereitung bezüglich Zeit, Chemikalien und Personal wird in der Gesamtbewertung eines Analysenverfahrens zu einem immer entscheidenderen Kostenfaktor, deren Bewertung sich jede neue Methode im Rahmen einer Effektivitätsbetrachtung stellen muss.

Die direkte Feststoff-AAS ist eine etablierte und inzwischen auch automatisierbare Methode [167], die die genannten Nachteile eines Probenaufschlusses vermeidet. Aus diesem Grund soll die Möglichkeit einer direkten Bestimmung von Fluor aus dem Feststoff auf seine mögliche Anwendbarkeit getestet werden.

5.5.2 Kalibrierung

Zur automatisierten Probenabarbeitung wird der Feststoffprobengeber SSA 600 L (Fa. Analytik Jena AG) (Abb. 47) als Zubehör zum contrAA® 700 verwendet. Er verfügt über eine integrierte Mikrowaage, einen Probenteller für 42 Probenplattformen aus Graphit (Abb. 48), die Möglichkeit der automatisierten Flüssigkalibrierung sowie Modifierdosierung.

Unter Nutzung der automatisierten Standard- und Modifierdosierung des SSA 600L wurden zur Kalibrierung unterschiedliche Volumina (5/ 10/ 15/ 20/ 25 µL) eines wässrigen F-Standards (NaF, Fa. Merck) dosiert.

5 - Applikationen

Abb. 47: Feststoffprobengeber SSA 600 L der Fa. Analytik Jena AG als Zubehör zum contrAA® 700.

Die Kalibrierung erfolgte für die GaF-MAS auf der Wellenlänge 211,248 nm mit einer Fluorkonzentration von 100 µg L^{-1} F. Die Kalibrierung erstreckte sich über einen absoluten Massebereich von 400-2000 pg F. Im Anschluss an die Kalibrierung wurden fünf Wiederholmessungen zur Analyse der festen Proben durchgeführt. Im Fall von Proben mit einer inhomogen Analytverteilung muss die Zahl an Wiederholungsmessungen gegebenenfalls auf > fünf bis zehn gesteigert werden.

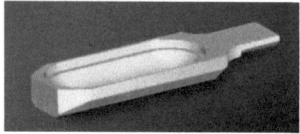

Abb. 48: Probenplattform aus Graphit der Fa. Analytik Jena AG.

Durch die sehr hohe Nachweisstärke der direkten Feststoffmethode und die entfallende Verdünnung durch den Probenaufschluss konnten nur die Proben mit dem niedrigsten Fluorgehalt auf der empfindlichsten Molekülabsorptionslinie des GaF, der Wellenlänge von 211,248 nm, bestimmt werden. Alle anderen Proben mit einem höheren Analytgehalt mussten entsprechend ihrer

5.5 - Bestimmung von Fluor mit direkter Feststoff-HR-CS-MAS

Fluorkonzentration auf unempfindlicheren GaF-Molekülabsorptionslinien (Anhang-Tab. 5) kalibriert werden.
Da in der direkten Feststoff-MAS keine Probenverdünnung erfolgt, liegen neben dem Analyten störende Matrixkomponenten in höheren Konzentrationen vor. Aus diesem Grund wurde zur Matrixanpassung die Menge des verwendeten $NH_4H_2PO_4$-Modifiers erhöht. Dazu wurde nicht die Konzentration des $NH_4H_2PO_4$-Modifiers erhöht sondern das Volumen wurde von 5 µL auf 15 µL verdreifacht. Zur besseren Handhabung von Modifier und fester Probe auf der Plattform wurde der $NH_4H_2PO_4$-Modifier auch thermisch vorbehandelt. Alle anderen Modifier wurden entsprechend Tab. 18, Seite 107 verwendet.

5.5.3 Ergebnisse und Diskussion

Die Ergebnisse der direkten Feststoffbestimmung mit GaF-MAS im Vergleich zu den zertifizierten Werten, die Absorptionswellenlänge und die verschiedenen absoluten Kalibrierbereiche sind in Tab. 25 aufgeführt. Typische Absorptionssignale sowie die dazugehörigen Kalibrierkurven sind in den Tabellen Anhang-Tab. 7 bis Anhang-Tab. 9 dargestellt.
Wie aus Tab. 25 ersichtlich, ist die Wellenlänge 211,248 nm nur geeignet für eine Kalibration des Analyten Fluor im niedrigsten Konzentrationsbereich. Die Probe F491 liefert unter Verwendung der direkten Feststoff-MAS einen recht gut mit dem zertifizierten Wert übereinstimmenden Fluorgehalt und kann auf der Wellenlänge 211,248 nm bestimmt werden.
Der Analytgehalt der Probe NCS DC 73349 liegt bei der Wellenlänge von 211,248 nm über dem gültigen Kalibrierbereich. Auch durch Verringerung der Einwaage kann das Absorptionssignal dieser Probe nicht weiter reduziert werden. Auf der etwas unempfindlicheren Wellenlänge von 212,111 nm kann allerdings auch für diese Probe mit einer höheren Probeneinwaage ein deutlich präziseres Ergebnis für den Fluorgehalt erzielt werden als auf der Wellenlänge 211,248 nm.

5 - Applikationen

Tab. 25: Fluorkonzentrationen der direkten Feststoffbestimmung mit GaF-HR-CS-MAS, zertifizierte Werte, Absorptionswellenlänge und absoluter Kalibrierbereich, EW = Einwaage.

Wellenlänge in nm	Kalibrierung	Probe Einwaage EW	F-Konz. mit solid-MAS in mg kg^{-1}	zertifizierte F-Konzentration in mg kg^{-1}
211,248 nm	0,40–2,00 ng F	F491 EW: 0,1–0,4 mg	3,89 ± 0,42	3,58 ± 9,4
		NCS DC 73349 EW: 20–70 µg	32,1 ± 4,3 > Kalibr.	23 ± 4
212,111 nm	4,0–20,0 ng F	F490 EW: 0,3–1,2 mg	62,6 ± 2,9	40,8 ± 12,8 (EU-Methode)
		A 23/05/M Pr. C EW: 0,5–1,2 mg	36,4 ± 1,5	45,5 ± 4,6
		NCS DC 73349 EW: 0,4–0,7 mg	22,8 ± 0,9	23 ± 4
213,794 nm	40–200 ng F	NCS DC 73325	331 ± 28	321 ± 29

Durch die ersten Untersuchungen mit der direkten Feststoff-HR-CS-MAS konnte gezeigt werden, dass diese Technik durchaus geeignet ist, den Fluorgehalt in festen Proben ohne den ansonsten erforderlichen Probenaufschluss für verschiedene Konzentrationsbereiche des Analyten Fluor zu bestimmen. Allerdings wird sich für verschiedene Matrices mit Sicherheit eine Kalibrierung gegen feste Referenzmaterialien nicht vermeiden lassen, da diese Art der Kalibrierung eine bessere Anpassung an die Matrix der Probe gewährleistet.

5.6 Bestimmung von perfluorierten Verbindungen

5.6.1 Vorkommen und Verwendung

Perfluorierte Verbindungen kommen in der Natur nicht natürlich vor. Sie werden vom Menschen wegen ihrer herausragenden Eigenschaften in der chemischen Industrie produziert und finden inzwischen eine sehr breite Anwendung auch in alltäglichen Produkten.

Bekannte Marken sind Teflon®, Scotchgard®, Stainmaster® oder SilverStone®. Sie finden Anwendung zur Beschichtung von Textilien, als atmungsaktive Membran in Regen- und Funktionskleidung. Sie sind wasser-, fett- und schmutzabweisend und werden in Outdoor- (Gore-tex®), Sport- und Arbeitsschutztextilien, Sitzbezügen und Teppichen ein-gesetzt. Außerdem finden sie Verbreitung in Polituren, Fensterreinigern, Imprägniersprays, Farben und Klebstoffen. Auch in der Lebensmittelindustrie werden sie für wasser- und fettabweisende Beschichtungen eingesetzt [9].

Das Fluorpolymer Polytetrafluorethylen (PTFE) findet in der Industrie vielseitige Anwendung. PTFE hat einen sehr geringen Reibungskoeffizienten sowie eine extrem niedrige Oberflächenspannung, so dass an diesem Material fast nichts haften bleibt. Es hat außerdem eine hervorragende Chemikalien- und Hitzebeständigkeit und wird für eine Vielzahl von Beschichtungen (Pfannen, Töpfe, Dichtungen, Kabelummantelungen) eingesetzt. Fluorpolymere werden in der Luftfahrt, Millitär- und auch in der Medizintechnik als Implantate verwendet [9].

5.6.2 Aufbau und Eigenschaften

Die per- und polyfluorierten Verbindungen bestehen aus Kohlenwasserstoffketten unterschiedlicher Länge, bei denen die Wasserstoffatome ganz (perfluoriert) oder teilweise (polyfluoriert) durch Fluor ersetzt sind. Sie werden unter dem Begriff PFC zusammengefasst. Die Bindung zwischen dem Kohlenstoff- und Fluoratom ist so stark, dass sie sich nur unter hohem Energieaufwand löst ($E_D(CF)$ = 514 kJ mol^{-1} [128]). Die PFC`s sind in der Umwelt persistent, kaum oder gar nicht abbaubar und sind bioakkumulativ.

Die Herstellung der PFC`s erfolgt heute im Wesentlichen durch Telomerisation, einem Syntheseverfahren, bei dem das Molekül von einem Ende her schrittweise verlängert wird. Die Zahl

5 - Applikationen

der PFC`s ist groß. Die OECD (Organisation für wirtschaftliche Zusammenarbeit und Entwicklung) hat bereits 853 Stoffe gelistet, wovon 369 Stoffe auf Perfluorsulfonsäuren (PFOS) und Perfluorcarbonsäuren(PFOA) zurückzuführen sind [9]. In Abb. 49 wird die Strukturformel von jeweils einem typischen Vertreter der PFC`s wiedergegeben.

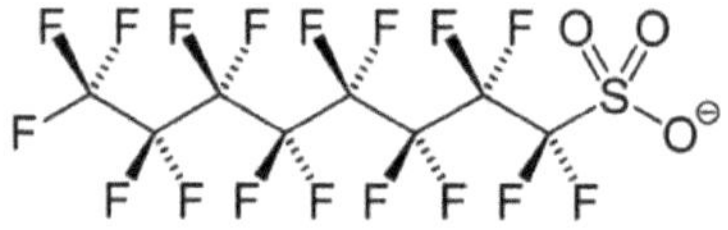

PFOS 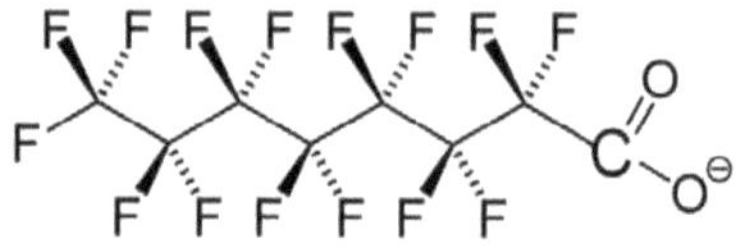 **PFOA**

Abb. 49: Strukturformel der Perfluoroctansulfonsäure (PFOS) und der Perfluoroctansäure (PFOA) als zwei der wichtigsten Vertreter der PFC`s.

5.6.3 Verbreitung, Bioakkumulation und Auswirkung auf Organismen

Die Verbreitung der PFC`s in der Umwelt erfolgt über das Wasser, z.B. beim Waschen entsprechender Textilien, über die Luft bei der Verbrennung und Entsorgung solcher Produkte mit erneut folgender Löslichkeit im Wasser. Über das Ausbringen von Klärschlamm erfolgt eine Anreicherung im Boden, in Pflanzen, Tieren und letztendlich auch in Lebensmitteln wie Fisch, Fleisch und Milchprodukten.

Die Aufnahme der PFC`s in den menschlichen Organismus ist noch nicht vollständig geklärt, erfolgt aber über PFC-belastetes Trinkwasser, über Lebensmittel und auch über die Lunge durch PFC-belastete Luft in Innenräumen (durch Textilien, Polstermöbel, Sitzbezüge und Teppiche). Im Körper und in der Umwelt werden die PFC`s dann zu beständigen Verbindungen, wie beispielsweise der PFOA, umgewandelt. Die Halbwertszeit dieser Chemikalien im menschlichen Körper beträgt etwa vier Jahre.

Die PFOA und PFOS sind nicht mutagen, jedoch konnten ihre fortpflanzungsgefährdenden Wirkungen in Tierversuchen eindeutig nachgewiesen werden. Sie wurden deshalb als "reproduktionstoxisch der Kategorie 2" eingestuft. In Langzeitstudien an Tieren konnte auch eine kanzerogene Wirkung festgestellt werden [9].

5.6.4 Einstufung und Grenzwerte

Allen perfluorierten Stoffen gemein ist die hohe Persistenz in der Umwelt. Stoffe, die sowohl langlebig sind, sich in der Umwelt anreichern und sehr giftig sind [168], können zu langfristigen Umweltschäden führen und werden als PBT-Stoffe (P=Persistenz, B=Bioakkumulation, T= Toxizität) klassifiziert [169].

PFOS erfüllt alle diese EU-Kriterien als PBT-Stoff. PFOA wurde nur als toxisch und persistent eingestuft. Auch unter REACH [170] sind beide Verbindungen als besonders besorgniserregend eingestuft und erfüllen damit die Voraussetzungen zur Aufnahme in die Liste der zulassungspflichtigen Stoffe.

Im Rahmen dieses besorgniserregenden Hintergrundes wurden verschiedene Grenzwerte der PFC's zum Schutz der menschlichen Gesundheit und zur Umweltkontrolle für Gewässer, Trinkwasser, Abwasser, Klärschlamm und Böden diskutiert.

5.6.5 Bestimmungsverfahren und Normung

Das Umweltbundesamt erarbeitet derzeit mit dem Arbeitskreis des Deutschen Instituts für Normung (DIN) eine Norm zur Analytik von PFC's in Wasser-, Schlamm- und Bodenproben [9].

Die empfohlene flüssigchromatographische Analytik der PFC's mit massenspektrometrischer Detektion ist aufgrund der Vielzahl an Verbindungen sehr schwierig sowie zeit- und gerätetechnisch sehr aufwändig. Aus diesem Grund ist die Forderung nach einem einfachen und geeigneten Summen- oder Gruppenparameter zur Erfassung der fluororganischen Verbindungen verständlich und unumgänglich [171].

In Analogie zu den bereits etablierten AOX- oder EOX-Summenparametern, die im Wesentlichen der Erfassung von organisch gebundenen Chlorverbindungen dienen, soll die Bestimmbarkeit eines Summenparameters für organisch gebundenes Fluor in Wasser mit der entwickelten GaF-MAS-Methode getestet werden.

5 - Applikationen

5.6.6 Bestimmung mit HR-CS-MAS in Wasser

Die Trinkwasserverordnung enthält noch keinen Grenzwert für perfluorierte Stoffe. Auf der Grundlage einer vorläufigen Bewertung hat die Trinkwasserkommission des Bundesgesundheitsministeriums beim Umweltbundesamt eine Empfehlung für einen „lebenslang gesundheitlich duldbaren" Leitwert von 0,3 µg L^{-1} und einen Zielwert (GOW) von 0,1 µg L^{-1} ausgesprochen [172].

Die Abtrennung des anorganischen Fluorids aus dem Wasser und die Anreicherung der organischen PFC`s werden mit einer geeigneten Festphasenextraktion (SPE) durchgeführt. Die Rückelution erfolgt meist mit Methanol, wobei Anreicherungsfaktoren von 10-1000 erzielt werden können. Dementsprechend ist die Nachweisgrenze von 0,26 µg L^{-1} F der entwickelten HR-CS-MAS-Methode ausreichend.

5.6.6.1 Kalibrierung

In einem ersten grundsätzlichen Test wurde die Detektion von Gesamtfluor in PFOS und PFOA untersucht. Dazu wurden methanolische Lösungen einer Ausgangskonzentration von 10,6 g L^{-1} an PFOS und PFOA zunächst in Methanol verdünnt. Im letzten Verdünnungsschritt wurden Lösungen an PFOS und PFOA in einem 1:1 Methanol/ Wasser (v/v)-Gemisch zur Untersuchung hergestellt, die eine Konzentration von ca. 15-50 µg L^{-1} F hatten.

Alle verwendeten Gefäße zur Verdünnung, wie auch die Gefäße für den Probengeber, bestanden aus Glas. Zur Vermeidung von Verschleppungseffekten bei der Dosierung in das Graphitrohr wurden vor der Probenaufnahme 5 µL Methanol/ Wasser-Gemisch als zusätzlicher Modifer aufgenommen. Auf diese Art konnten die organischen Fluorverbindungen von der Dosierschlauchoberfläche des Graphitrohrprobengebers nach der Probenabgabe effizient herausgespült werden.

Im Ergebnis der Optimierung von Pyrolyse- und Molekülbildungstemperatur für die PFOS- und PFOA-haltigen Proben ergaben sich die gleichen Pyrolyse- und Molekülbildungstemperaturen wie für einen wässrigen NaF-Standard. Das verwendete TZP sowie die verwendeten Modifier (zuzüglich 5 µL Methanol/ Wasser (v/v)-Gemisch) entsprachen den Angaben in Tab. 7, Seite 64 und Tab. 18, Seite 107.

5.6 - Bestimmung von perfluorierten Verbindungen

Als Kalibrierstandard wurde einerseits ein 50 µg L^{-1} F-Standard (NaF) verwendet und andererseits 2-Fluorbenzoesäure (FC$_6$CO$_2$H, 97%) der Fa. Sigma-Aldrich als organischer, wasserlöslicher Kalibrierstandard. Der organische F-Standard wurde jeweils mit 1:1-Methanol/ Wasser-Gemisch (v/v) verdünnt. Zur Kalibrierung wurde eine Stammlösung mit einer Konzentration von 44,4 µg L^{-1} F eingesetzt.

5.6.6.2 Ergebnisse

Tab. 26: Ergebnisse der Gesamtfluorbestimmung in PFOA- und PFOS-Lösungen für eine Kalibrierung mit wässrigen NaF-Standards

Standardkalibrierung (NaF): 10/ 20/ 30/ 40/ 50 in µg L^{-1} F			
Probe	Soll-Konzentration in µg L^{-1} F	Ist-Konzentration in µg L^{-1} F	WFR in %
PFOA-3a	20	10,4 ± 1,0	52,0
PFOA-3b	40	20,2 ± 0,9	50,5
PFOS-3a	25	14,4 ± 0,9	57,6
PFOS-3b	51	26,1 ± 0,9	51,2
QC-STD 4	40	39,4 ± 1,0	98,5
QC-STD 2	20	19,1 ± 0,9	95,5

In Tab. 26 und Tab. 27 sind die Ergebnisse der Gesamtfluorbestimmung in den PFOA- und PFOS-Lösungen für unterschiedliche Kalibrierungen gegenübergestellt. In Tab. 26 erfolgte die Kalibrierung mit dem wässrigen NaF-Standards, in Tab. 27 mit dem F-Benzoesäurestandard in 1:1 Methanol/ Wasser.

Tab. 27: Ergebnisse der Gesamtfluorbestimmung in PFOA- und PFOS-Lösungen für eine Kalibrierung mit F-Benzoesäure-Standards.

Standardkalibrierung (F-Benzoesäure): 8,88/ 17,8/ 26,6/ 35,5/ 44,4 in µg L^{-1} F			
Probe	Soll-Konzentration in µg L^{-1} F	Ist-Konzentration in µg L^{-1} F	WFR in %
PFOA-4	22	20,7 ± 1,2	94,1
PFOS-4	26	25,2 ± 1,2	96,9

5 - Applikationen

Standardkalibrierung (F-Benzoesäure): 8,88/ 17,8/ 26,6/ 35,5/ 44,4 in µg L⁻¹ F			
Probe	Soll-Konzentration in µg L^{-1} F	Ist-Konzentration in µg L^{-1} F	WFR in %
20 ppb (NaF)	20	14,4 ± 1,2	72,0
50 ppb (NaF)	50	35,4 ± 1,5	70,8
QC-STD 4	36	39,4 ± 1,5	111
QC-STD 2	18	20,7 ± 1,2	116

Die Ergebnisse der Kalibrierung gegen einen wässrigen NaF-Standard zeigen zwar eine sehr gute Wiederfindungsrate der wässrigen Qualitätskontrollstandards, die F-Konzentrationen der PFOS- und PFOA-Proben liegen jedoch viel zu niedrig. Wird die Kalibrierung allerdings gegen einen organischen Fluorstandard durchgeführt, so werden die F-Konzentrationen in den PFOS- und PFOA-Proben gut und in den Qualitätskontrollproben etwas zu hoch (>110%) wiedergefunden. Die F-Konzentrationen der NaF-Proben werden in diesem Fall viel zu niedrig bestimmt.

Die Ergebnisse dieser Untersuchungen zeigen, dass die Bindungsform des Fluors und der Anteil an Kohlenstoff in den Proben das Signal der Molekülabsorption beeinflussen und möglicherweise zu Verschleppungen führen. Es kann aber festgestellt werden, dass mit der entwickelten Methode prinzipiell auch perfluorierte Verbindungen bestimmt werden können. Zur Bestimmung von Fluor in diesen Verbindungen muss mit einem organischen Fluorstandard, am besten einem PFOA oder PFOS-Standard, kalibriert oder eine Standardaddition durchgeführt werden.

Zur Methodenvalidierung dieser sehr wichtigen Stoffgruppe sollten weitere Untersuchungen folgen, die auch eine parallele Konzentrationsbestimmung mit flüssigchromatographischen Verfahren und zertifizierten organischen Standards einschließen.

6 Zusammenfassung und Ausblick

Im Rahmen der vorliegenden Arbeit wurde eine einfache, empfindliche und robuste Methode zur Bestimmung von Fluor entwickelt, validiert und in unterschiedlichen Matrices getestet.

Die Bestimmungsmethode beruht auf der quantitativen Auswertung der in einem quergeheizten Graphitrohr erzeugten Molekülabsorption von Galliummonofluorid mit einem kommerziell erhältlichen hochauflösenden Atomabsorptionsspektrometer. Die Atomabsorptionsspektrometrie ist eine einfache, häufig verwendete, preiswerte und deshalb gut etablierte Methode in der Routineanalytik. Sie war jedoch auf die Bestimmung von Metallen beschränkt.

Durch die Einführung der HR-CS-AAS steht nun durch die kontinuierlich emittierende Strahlungsquelle jede Wellenlänge im Bereich von 190-900 nm zur Verfügung. Der hochauflösende Doppelmonochromator ermöglicht eine Auflösung im Bereich der im Graphitrohrofen erzeugten Molekülabsorption von zweiatomigen Molekülen, wie der zur Fluorbestimmung genutzten GaF-Rotationslinie. Dadurch konnten die in der Literatur beschriebenen, limitierenden Faktoren zur analytischen Nutzung der Molekülabsorption beseitigt werden.

In dieser Arbeit konnte gezeigt werden, wie der Vorteil der klassischen AAS als effiziente, automatisierbare und damit routinetaugliche Methode, erfolgreich mit den Möglichkeiten der HR-CS-AAS zur Entwicklung einer neuen HR-CS-MAS-Methode für die Bestimmung von Fluor als Nichtmetall kombiniert werden kann.

Diese Methode ist sowohl zur Bestimmung von ionischem als auch kovalent gebundenem Fluor geeignet. Die ermittelte Nachweisgrenze liegt mit 0,26 µg L^{-1} F mehr als eine Größenordnung niedriger als die der Ionenchromatographie oder der fluoridsensitiven Elektrode und ist außerdem nicht nur wie diese auf wässrige Lösungen beschränkt.

Unter Nutzung der statistischen Versuchsplanung wurden die Einflussfaktoren auf die GaF-MA untersucht und die Art und Zahl der verwendeten Modifier optimiert. Durch die zusätzliche Nutzung von Ammoniumhydrogenphosphat als Modifier konnte die Robustheit der Methode bis zu hohen tolerierbaren Konzentrationen von Cl^{-}, Ca^{2+}, Mg^{2+}, Fe^{3+}, Al^{3+} im mg L^{-1}- Bereich erweitert werden.

Im Rahmen der Methodenvalidierung wurde die Richtigkeit der ermittelten Analytergebnisse an Proben unterschiedlicher Matrices wie Wasser, Zahncreme, Blut, Boden, Pflanzen und Futtermittel nachgewiesen. Als Nachweis diente der Vergleich der Analytergebnisse mit zertifizierten Referenzmaterialien, die Bestimmung der Wiederfindungsrate von addierten Fluorgehalten zur Probenmatrix und der Vergleich mit alternativen Bestimmungsverfahren.

6 - Zusammenfassung und Ausblick

Anhand der durchgeführten Applikationen wurde der praktische Nutzen für viele Anwendungsbereiche verdeutlicht. So existiert für die Bestimmung von Fluorid in wässrigen Lösungen mit der F-ISE eine einfache, wenn auch nicht vollkommen interferenzfreie Methode. Bei der Bestimmung von Fluor in komplexen Matrices wie Blut, Serum oder Zahncreme liegt Fluor teilweise kovalent gebunden vor, was mittels F-ISE oder IC nicht direkt erfassbar ist. In diesem Fall können durch die entwickelte HR-CS-MAS Fluor-Bestimmungsmethode der Zeitaufwand für die Probenvorbereitung, der apparative Aufwand und die Analysenfehler deutlich gesenkt werden.

Unter Berücksichtigung der beschriebenen medizinischen und umweltrelevanten Problematik des Elementes Fluor wird es möglich, durch die Anwendung der entwickelten Bestimmungsmethode größere Probenserien der verschiedensten Matrices ohne großen Zeit-, Personal- und Kostenaufwand auf den Gesamtfluorgehalt zu untersuchen.

Auch eine direkte Fluorbestimmung aus dem Feststoff bietet bei entsprechender Probenhomogenität und dem Vorhandensein von zertifizierten Referenzmaterialien, analog der direkten Feststoff-AAS, eine sinnvolle Alternative.

Insbesondere die zunehmende Herstellung und Anwendung von perfluorierten Verbindungen sowie deren besorgniserregend schnelle Verbreitung und Akkumulation in Wasser, Pflanzen, Boden, Lebensmitteln und im lebenden Organismus fordern dringend eine einfache und kostengünstige Analytik, um die Folgen auf Mensch und Umwelt abschätzen zu können. Aus diesem Grund könnte nach einer Festphasenextraktion der organischen Verbindungen die entwickelte Methode einen effizienten und notwendigen Summenparameter zur Bestimmung von organisch gebundenem Fluor liefern.

Im Ergebnis der durchgeführten Arbeit kann festgestellt werden, dass die entwickelte HR-CS MAS-Methode eine neue und nachweisstarke Analysenmethode für die Bestimmung des Nichtmetalls Fluor in flüssigen und festen Proben, in wässrigen und nichtwässrigen Lösungen und für die Bestimmung von ionischem und kovalent gebundenem Fluor darstellt.
Auf Grund der beschriebenen physiologischen, toxikologischen und umweltrelevanten Problematik des Elementes Fluor ist es mit dieser Analysenmethode nun möglich, schnell, präzise, empfindlich und kostengünstig den Fluorgehalt in vielen Matrices zu bestimmen.

Literaturverzeichnis

[1] **L. Kolditz.** Anorganische Chemie. Berlin : Deutscher Verlag der Wissenschaften, 1980, S. 492.

[2] **G. Jander, E. Blasius.** Lehrbuch der analytischen und präparativen anorganischen Chemie. Leipzig : Hirzel Verlag, 1982, S. 145.

[3] **D. Purves.** Trace element Contamination. Amsterdam : Elsevier, 1977, S. 79-82.

[4] **P. Konieczka, B. Zygmunt, J. Namiesnik,.** Effect of fluoride content in drinking water in Tricity on its concentration in urine of pre-school children. Toxicol. Environ.Chem. 2000, Bd. 74, S. 125-130.

[5] **C. Haidouti, A. Chronopoulou, J. Chronopoulos.** Effects of fluoride emission from industry on the fluoride concentration of soils and vegetation. Biochemical Systematics and Ecology. 1993, Bd. 21, S. 195-208.

[6] **F. Oehme.** Ionenselektive Elektroden, CHENFETs-ISFETs-pH-FETs. 2. Auflage. Heidelberg : Hüthig Buch Verlag, 1991. 3-7785-2002-4.

[7] **J. Weiß.** Ionenchromatographie. 3. Auflage. Weinheim : Wiley-VCH Verlag, 2001. 3-527-28702-7.

[8] **A.D. Campbell.** Determination of fluorine in various matrices. Pure & Appl. Chem. 1987, Bd. 5, S. 695-702.

[9] **Umweltbundesamt.** Per- und Polyfluorierte Chemikalien: Einträge vermeiden - Umwelt schützen. Dessau-Roßlau : Pressestelle Umweltbundesamt, 2009. www.Umweltbundesamt.de.

[10] **M.L. Wen, Q.C. Li, C.Y. Wang.** Developments in the analysis of Fluoride 1993-1995 - Research review. Fluoride. 1996, Bd. 29, 2, S. 82-88.

[11] **F.Yin, Y. Yao, C.C. Liu, M.L. Wen.** Development in the analysis of fluoride 1997-1999. Fluoride. 2001, Bd. 34, 2, S. 114-125.

[12] **J. Tscholakowa, L. Genow.** Gravimetrische Bestimmung von Fluorid durch Fällung von BiF3 aus homogener lösung. Z. Anal. Chem. 1972, Bd. 261, Heft 2, S. 127-128.

[13] **J. Tscholakowa.** Gravimetrische Bestimmung von Fluorid durch Fällung als (C6H5)3SnF aus homogener Kösung. Z. Anal. Chem. 1973, Bd. 266, Heft 4, S. 288.

[14] **G.G. Kandilarow.** Die gravimetrische Bestimmung des Fluor als Calciumfluorid unter Verwendung von Membranfiltern. Z. analyt. Chem. 1928, Bd. 61, S. 1667-1671.

[15] **E. Dettwiler.** Zur quantitativen Bestimmung von Fluor in anorganischen und organischen Verbindungen, sowie biologischem Material. Promotionsarbeit. Zürich : Juris-Verlag, 1961.

[16] **S.S. Yamamura, M.A. Wade, J.H. Sikes.** Direct spectrophotometric fluoride determination. Analytical Chemistry. 1962, Bd. 32, S. 1308-1312.

[17] R. Belcher, T.S. West. A study of the cerium-III- alizerin complexan-fluoride reaction. Talanta. 1961, Bd. 8, S. 853-862.

[18] C.-Q. Zhu, J.-L. Chen, H. Zheng, Y.-Q. Wu, J.-G. Xu. A colorimetric method for fluoride determination in aqueous samples based on the hydroxyl deprotection reaction of a cyanine dye. Anal. chim. Acta. 2005, Bd. 539, S. 311-316.

[19] E. Kavlentis. Application of the iron-III-/3,4-Dihydroxybenzaldehyde 4-Nitrophenylhydrazone complex for the analysis of sulphide/ fluoride/ phosphate mixtures by spectrophotometry or atomic absorption. Analytica chimica acta. 1988, Bd. 208, S. 313-316.

[20] R.E. Humphrey, C.E. Laird. Polarographicdetermination of chloride, cyanide, fluoride, sulfate, and sulfite with metal chloranliates. Analytical Chemistry. 1971, Bd. 43, S. 1895-1897.

[21] D. Luois, A.J. Wilkes, J.M. Talbot. Optimisation of total fluoride analysis by capillary gas chromatography Part I: Silica based dental creams. Pharmaceutica Acta Helvetiae. 1996, 71, S. 273-277.

[22] J.R.W. Woittiez, H.A. Das. Determination of calcium, phosphorus and fluorine in bone by instrumental fast neutron activation analysis. J. Radioanal. Chem. 1980, Bd. 59, S. 213-219.

[23] G.Tarsoly, M. Ovari, Gy. Zaray. Determination of fluorine by total reflection X-ray fluorescence spectrometry. Spectrochimica acta: part B. 2010, Bd. 65, S. 287-290.

[24] M. Marlet-Martino, V. Gilard, F. Desmoulin, R. Martino. Fluorine nuclear magnetic resonance spectroscopy of human biofluids in the field of metabolic studies of anticancer and antifungal fluoropyrimidine drugs. Clinica chimica acta. 2006, Bd. 366, S. 61-73.

[25] N.R. Bolo, Y. Hode, J.-P. Macher. Long-term sequestionof fluorinated compounds in tissues after fluvoxamine or fluoxetine treatment: a fluorine magnetic resonance spectroscopy study in vivo. Magma. 2004, Bd. 16, S. DOI 10.1007/s10334-004-0033-0.

[26] H. Sakurai, Y. Hayashibe,Y. Sayama, K. Masumoto, T. Ohtsuki. Determination of fluorine in standard rocks by photon activation analysis. Journal of Radioanalytical and Nuclear Chemistry. 1997, Bd. 217, S. 267-271.

[27] M. Ponikvar, V. Stibilj, B. Zemva. Daily dietary intake of fluoride by Sloenian Military based on analysis of total fluorine in total diet samples using fluoride ion selective electrode. Food chemistry. 2006, 103, S. 369-374.

[28] G. Somer, S. Kalayci, I. Basak. Preparation of a new solid state fluoride ion selectice electrode and application. Talanta. 2010, Bd. 80, S. 1129-1132.

[29] P. Konieczka, B. Zygmunt, J. Namiesnik. Comparison of fluoride ion-selective electrode based potentiometric methods of fluoride determination in human urine. Bull. Environ. Contam. Toxicol. 2000, Bd. 64, S. 794-803.

Literaturverzeichnis

[30] H. Yiping, W. Caiyun. Ion chromatography for rapid and sensitive determination of fluoride in milk after head space single-drop microextraction with in situ generation of volatile hydrogen fluoride. Analytica chimica acta. 2010, Bd. 661, S. 161-166.

[31] G. Ackermann, W. Jugelt, H.H. Möbius, H.D. Suschke, G. Werner. LB4: Elektrolytgleichgewichte und Elektrochemie. Leipzig : Dt. Verlag für Grundstoffindustrie, 1983, S. 65-105.

[32] WTW GmbH. Fiebel zur ionenselektiven Meßtechnik. Weilheim : Wissenschaftlich-technische Werkstätten GmbH, 1988.

[33] M. Otto. Analytische Chemie. 2. Auflage. Weinheim : Wiley-VCH Verlag, 2000. 3-527-29840-1.

[34] U. Grünke, P. Hartmann. Ionensensitive Festkörpermembran-Elektroden - Eigenschaften und Anwendungsmöglichkeiten. Hermsdorfer Technische Mitteilungen. 1978, Bd. 51, S. 1619-1653.

[35] M. Pavic, D. Carevic, Z. Cimerman. Potentiometric determination of monofluorophosphate in dentrifice: a critical discussion an a proposal for new imroved procedures. Journal of pharmaceutical and biomedical analysis. 1999, 20, S. 565-571.

[36] K. Slevogt. Fibel zur ionenselektiven Messtechnik - ISE. Weilheim : WTW - wissenschaftlich-technische Wekstätten, 1988.

[37] S. Tokalioglu, S. Kartal, U. Sahin. Determination of Fluoride in Various Samples and some Infusions Using a Fluoride Selective Electrode. Turk. J. Chem. 2004, Bd. 28, S. 203-211.

[38] WTW GmbH. Bedienungsanleitung F500/ F800. Weilheim : s.n., 2004.

[39] T. Li, L.-J. Yu, M.-T. Li, W. Li. A new approach to the standard addition method for the analysis of F, Al anf K content in green tea. Microchimica acta. 2006, DOI 10.1007/s00604-005-0454-0, S. 109-114.

[40] K. Doerffel, R. Geyer. Chromatographie. Analytikum. Leipzig : Dt. Verlag für Grundstoffindustrie, 1984, S. 417-483.

[41] Metrohm. Application Bulletin: IC-Anionensäule Hamilton PRP-X100. Nr. 265/1 d.

[42] G. Schwedt, C. Vogt. Analytische Trennmethoden. Weinheim : Wiley-VCH Verlag, 2010. 978-3-527-32494-1.

[43] Dionex. Application Note 140. Fast Analysis of Anions in Drinking water by Ion Chromatography.

[44] Dionex. Application note 154. Determination of inorganic anions in environmental waters using a hydroxide-selective column.

[45] Dionex. Application note 243. Determination of common Anions and organic acids using ion chromatography-mass spectrometry.

Literaturverzeichnis

[46] C. Eith, M. Kolb, A. Seubert, K.H. Viehweger. *Praktikumder Ionenchromatographie - Uni Marburg*. Marburg : s.n., 2000, S. 37-39.

[47] J.S. Fritz, D.T. Gjerde. *Ion Chromatography. fourth edition*. Weinheim : Wiley-VCH Verlag, 2009. 978-3-527-32052-3.

[48] http://www.uniterra.de/rutherford/tab_iong.htm.

[49] Y. Okamoto. Determination of fluorine in aqueous samples by electrothermal vaporisation inductively coupled plasma mass spectrometry (ETV ICP-MS). J.Anal. Atom. Spectrom. 2001, Bd. 16, S. 539-541.

[50] M. Kovacs, M.H. Nagy, J. Borszeki, P. Halmos. Indirect determination of fluoride in aqueous samples by induvtively coupeled plasma atomic emission spectrometry following percipitation of CeF3. Journal of Fluorine chemistry. 2009, Bd. 130, S. 562-566.

[51] A.M. Bond, T.A. O`Donnell. Determination of fluoride by atomic absorption spectrometry. Analytical Chemistry. 1968, Bd. 40, S. 560-563.

[52] B. Gutsche, K. Rüdiger, R. Herrmann. Eine Methode zur Bestimmung von Fluorkonzentrationen mit Hilfe der atomaren Absorption. Spectrochimica Acta: Part B. 1975, Bd. 30, S. 441-447.

[53] V. L. Dressler, D. Pozebon, E.L.M. Flores, J.N.G. Paniz, E.M.M. Flores. Determination of Fluoride in Coal Using Pyrohydrolysis for Analyte Separation. J. Braz. Chem. Soc. 2003, Bd. 14, S. 334-338.

[54] A.C.D. Newman. a simple apparatus for separating Fluorine from Alumosilicates by Pyrohydrolysis. Analyst. 1968, Bd. 93, S. 827-831.

[55] M. Langenauer, U. Krahenbul, A. Wyttenbach. Determination of fluorine and iodine in biological materials. Analytica Chimica Acta. 1992, Bd. 274, S. 253-256.

[56] B. Schnetger, Y. Muramatsu. Determination of Halogens, with special reference to jodine, in geological and biological samples using pyrohydrolysis for preparation and and Inductive coupled plasma mass spectrometry and ion chromatography for measurement. Analyst. 1996, Bd. 121, S. 1627-1631.

[57] D.T. Rice. Determination of fluorine and chlorine in geological materials by induction furnace pyrohydrolysis and standatd-addition ion-selective electrode measurement. Talanta. 1988, Bd. 35, 3, S. 173-178.

[58] ASTM D7359-08. Total Fluorine, Chlorine and Sulfur in Aromatic Hydrocarbons and Their Mixtures by Oxidative Pyrohydrolytic Combustion followed by Ion Chromatography Detection (Combustion Ion Chromatography-CIC). 2008. S. 1-6.

Literaturverzeichnis

[59] ASTM WK22144. *New test method for total fluorine, chlorine and sulfur in graphite and carbon by oxidative pyrohydrolytic combustion followed by ion chromatic detection (combustion ion chromatography-CIC).*

[60] **I. Papaefstathiou, M.D.L. de Castro.** *Integrated prevaporation/ detection: continuous and discontinuous approches for treatment/ determination of fluoride in liquid and solid samples.* Analytical chemistry. 1995, Bd. 67, S. 3916-3921.

[61] **H.R. Poureslami, P. Khazaeli, G.R. Noori.** *Fluorine in Food and Water consumed in Koohbanan (Kuh-E Banan), Iran.* Fluoride. 2008, Bd. 41, S. 216-219.

[62] **K. Dittrich.** *Molecular absorption spectrometry by electrothermal volatilization in a graphite furnace. Part I Basis of the method and studies of the molecular absorption of gallium and indium halides.* Anal. Chim. Acta. 1978, Bd. 97, S. 59-68.

[63] **K. Dittrich.** *Molekülabsorptionsspektrometrie bei elektrothermischer Verdampfung in einer Graphitrohrküvette: II. Bestimmung von Fluoridspuren in Mikrovolumina durch die Molekülabsorption von Ga-F- Molekülen.* Anal. Chimica Acta. 1978, Bd. 97, S. 69-80.

[64] **K. Dittrich.** *Molecular absorption with electrothermal volatilization in a graphite tube. Part 3. A study of the determination of fluoride traces by AlF, GaF, IF, TlF molecular absorption.* Analytica Chimica Acta. 1979, Bd. 111, S. 123-135.

[65] **K. Dittrich, B. Vorberg.** *Molecular absorption spectrometry with electrothermal volatilization in a graphite tube.: Part7. A study of molecular absorption of alkkaline earth halides and determination of traces of fluoride and chloride based on molecular absorption of MgF and MgCl.* Aanlytica Chimica Acta. 1982, Bd. 140, S. 237-248.

[66] **K.-I. Tsunoda, H.Haraguchi, K. Fuwa,.** *Studies on the occurence of atoms and molecules of aluminum, gallium, indium and their monohalogenides in an electrothermal carbon furnace.* Spectrochimica Acta. 1980, Bd. 35, S. 715-729.

[67] **K. Dittrich, B. Vorberg, J. Funk, V. Beyer.** *Determination of some nonmetals by using diatomic molecular absorbance in hot graphite furnace.* Spectrochimica Acta Part B. 1984, Bd. 39, S. 349-363.

[68] **K. Dittrich, V. M. Shkinev, B. V. Spivakov.** *Molecurar absorption spectrometry (MAS) by electrothermal evaporation in a graphite furnace-XIII: Determination of traces of fluoride by MAS of AlF after liquid-liquid extraction of fluoride with triphenylantimony(V) dihydroxide.* Talanta. 1985, Bd. 32, S. 1019-1022.

[69] **K. Dittrich, A. Townshend.** *Analysis by emission, absorption, and fluorescence of small molecules in the visible and ultraviolet range in gaseous phase.* Critical reviews in analytical chemistry. 1986, Bd. 16, S. 223-279.

[70] A. Takatsu, K. Chiba, M. Ozaki, K. Fuwa, H. Haraguchi. Direct determination of trace fluorine in milk by aluminum monofluoride molecular absorption spectrometry utilizing an electrothermal graphite furnace. Spectrochimica Acta Part B. 1984, Bd. 39, S. 365-370.

[71] P. Venkateswarlu. Determination of fluoride in bone by aluminum monofluoride molecular absorption spectrometry. Analytica Chimica Acta. 1992, Bd. 262, S. 33-40.

[72] P. Venkareswarlu, M.A. Lacronix, G.W. Kirsch. Determination of Organic (Covalent) Fluorine in Blood Serum by Furnace Molecular Absorption Spectrometry. Microchem. J. 1993, Bd. 48, S. 78-85.

[73] G. Cobo, M. Gomez, C. Camara, M.A. Palacios. Determination of fluoride in complex matrices by electrothermal atomic absorption spectrometry with in-furnace oxygen-assisted ashing. Mikrochimica Acta. 1993, Bd. 110, S. 103-110.

[74] K. Dittrich. Prog.Anal. Atom. Spectrosc. 1980, Bd. 3, S. 209.

[75] B. Welz, H. Becker-Ross, S. Florek, U. Heitmann. High-Resolution Continuum Source AAS. Weinheim : Wiley-VCH, 2005. ISBN-10: 3-527-30736-2.

[76] D. J. Butcher. Determination of Fluorine, Chlorine and Bromine by Molekular Absorption Spectrometry. Microchem. J. 1993, Bd. 48, S. 303-331.

[77] A.K. Gilmutdinov, A. Zakharov, V.P. Ivanov, A.V. Voloshin. Sadow spectral filming: a method of investigating electrothermal atomization Part1. Dynamics of formation and structure of the absorption layer of Tl, In, Ga, Al atoms. Journal of analytical and atomic spectrometry. 1991, Bd. 6, S. 505-519.

[78] G. Daminelli, D.A. Katskov, R.M. Mofolo, P. Tittarelli. Atomic and molecular spectra of vapours evolved in a graphite furnace. Part1. Alkali halides. Spectrochimica Acta Part B: Atomic Spectroscopy. 10. May 1999, Bd. 54, 5, S. 669-682.

[79] D.A. Katskov, R.M. Mofolo, P. Tittarelli. Atomic and molecular spectra of vapors evolved in a graphite furnace. Part3: alkaline earth fluorides. Spectrochimica Acta Part B: Atomic Spectroscopy. October 2000, Bd. 55, 10, S. 1577-1590.

[80] E.L.M. Flores, J.S. Barin, E.M.M. Flores, V.L. Dressler. A new approach for fluorine determination by solid sampling graphite furnace molecular absorption spectrometry. Spectrochimica Acta Part B. 2007, Bd. 62, S. 918-923.

[81] B. Welz, H. Becker-Ross, S. Florek, U. Heitmann, M.G.R. Vale. Review: High-Resolution Continuum-source Atomic Absorption Spectrometry - What Can We Expect? J. Braz. Cem. Soc. 2003, Bd. 14, 2, S. 220-229.

Literaturverzeichnis

[82] **B. Welz, D.L.G. Borges, F.G. Lepri, M.G.R. Vale, U. Heitmann.** High-resolution continuum source electrothermal atomic absorption spectrometry - An analytical and diagnostic tool for trace analysis. Spectrochimica Acta Part B. 2007, Bd. 62, S. 873-883.

[83] **M.D. Huang, H. Becker-Ross, S. Florek, U. Heitmann, M. Okruss.** Determination of sulfur by molecular absorprion of carbon momnosulfide using high-resolution continuum source absorption spectrometer and air-acetylene flame. Spectrochimica Acta Part B. 2006, Bd. 61, S. 181-188.

[84] **M.D. Huang, H. Becker-Ross, S. Florek, U. Heitmann, M. Okruss.** Direct determination of total sulfur in wine using a continuum-source atomic-absorption spectrometer and an air-acetylene flame. Anal Bioanal Chem. 2005, Bd. 382, S. 1877-1881.

[85] **M.D. Huang, H. Becker-Ross, S. Florek, U. Heitmann, M. Okruss, C.-D. Patz.** Determination of sulfur forms in wine including free and total sulfur dioxide based on molecular absorption of carbon monosulfide in air-acetylene flame. Anal Bioanal Chem. 2008, Bd. 390, S. 361-367.

[86] **M.D. Huang, H. Becker-Ross, S. Florek, U. Heitmann, M. Okruss.** Determination of phosphorus by molecular absorption of phosphorus monoxide using a high-resolution continuum source absorption spectrometer and an air-acetylene flame. Journal of Analytical Atomic Spectrometry. 2006, Bd. 21, S. 1-8.

[87] **M.D. Huang, H. Becker-Ross, S. Florek, U. Heitmann, M. Okruss.** The influence of calcium and magnesium on the phosphorus monoxide molecular absorption signal in the determination of phosphorus using a continuum absorption spectrometer and an air-acetylene flame. Journal of Analytical Atomic Spectrometry. 2006, Bd. 21, S. 1-4.

[88] **M.D. Huang, H. Becker-Ross, S. Florek, U. Heitmann, M. Okruss.** Determination of halogens via molecules in the air-acetylene flame using high-resolution continuum source absorption spectrometry: Part I. Fluorine. Spectrochimica Acta Part B. 2006, Bd. 61, S. 572-578.

[89] **M.D. Huang, H. Becker-Ross, S. Florek, U. Heitmann, M. Okruss.** Determination of halogens via molecules in the air-acetylene flame using high-resolution continuum source absorption spectrometry, Part II: Chlorine. Spectrochimica Acta Part B. 2006, Bd. 61, S. 959-964.

[90] **M. Resano, J. Briceno, A. Belarra.** Direct determination of phosphorus in biological samples using a solid sampling-high resolution-continuum source electrothermal spectrometer: comparison of atomic and molecular absorption spectrometry. Journal of Analytical Atomic Spectrometry. 2009, Bd. 24, S. 1343-1354.

[91] **F.G. Lepri, M.B. Dessuy, M.G.R. Vale, D. Borges, B. Welz, U. Heitmann.** Investigation of chemical modifiers for phosphorus in a graphite furnace using high-resolution continuum source atomic spectrometry. Spectrochimica Acta Part B. 2006, Bd. 61, S. 934-944.

Literaturverzeichnis

[92]   M.D. Huang, H. Becker-Ross, S. Florek, U. Heitmann, M. Okruss, B. Welz. *High-resolution continuum source molecular absorption spectrometry of nitrogen monoxide and its application for the determination of nitrate. Journal of Analytical Atomic Spectrometry. 2010, Bd. 25, S. 163-168.*

[93]   U. Heitmann, H. Becker-Ross, S. Florek, M.D. Huang, M. Okruss. *Determination of non-metals via molecular absorption using high-resolution continuum source absorption spectrometry and graphite furnace atomization. Journal of Analytical Atomic Spectrometry. 2006, Bd. 21, S. 1314-1320.*

[94]   M.D. Huang, H. Becker-Ross, S. Florek, U. Heitmann, M. Okruss. *High-resolution continuum source electrothermal absorption spectrometry of AlBr and CaBr for the determination of bromine. Spectrochimica Acta Part B. 2008, Bd. 63, S. 566-570.*

[95]   M.D. Huang, H. Becker-Ross, S. Florek, M. Okruss, B. Welz, S. Mores. *Determination of iodine via the spectrum of barium mono-iodide using high-resolution continuum souerce molecular absorption spectrometry in a graphite furnace. Spectrochimica Acta Part B. 2009, Bd. 64, S. 697-701.*

[96]   B. Welz, F.G. Lepri, R.G.O. Araujo, S.L.C. Ferreira, M.D. Huang, M. Okruss, H. Becker-Ross. *Determination of phosphourus, sulfur and the halogens using high.temperature molecular absorption spectrometry in flames and furnaces - A review. Analytica Chimica Acta. June 2009, Bd. 647, S. 137-148.*

[97]   P.W. Atkins, J.de Paula. *Physikalische Chemie. 4th edition. Weinheim : Wiley-VCH, 2005. ISBN-10: 3-527-31546-2.*

[98]   M. Schütz. *Dissertation. Untersuchungen über den Einfluß von Untergrundabsorptionen in der Kontinuumstrahler-Atomabsorptionsspektrometrie und ihre Korrektur. Berlin : TU Berlin FB Physik, 1997.*

[99]   Analytik Jena AG. *Beriebsanleitung contrAA 700 - HR-CS AAS. Jena : s.n., 08/2010. S. 32.*

[100] H. Gleisner, K. Eichardt, G. Schlemmer, U. Heitmann. *Die AAS wird neu definiert - Atomabsorptionsspektrometrie mit nur einer Strahlungsquelle. LABO. April 2004, S. 64-67.*

[101] B. Welz, U. Heitmann. *50 Jahre nach Alan Walsh - die AAS wurde neu definiert. GITLabor-Fachzeitschrift. 11 2005, S. 954-956.*

[102] U. Heitmann, H. Becker-Ross. *Atomabsorptions-Spektometrie mit einem Kontinuumstrahler (CS-AAS). GIT Laborfachzeitschrift. 2001, 7, S. 728-731.*

[103] U. Heitmann, B. Welz, D.L.G. Borges, F.G. Lepri. *Feasibility of peak volume. side pixel and multiple peak registratio in high-resolution continuum source absorption spectrmetry. Spectrochimica Acta Part B. 2007, Bd. 62, S. 1222-1230.*

[104]	*Analytik Jena AG. Serviceanleitung 1.1. Jena : AJÜ, 2009.*

[105]	*B. Welz. High-resolution continuum source AAS: the better way to perform atomic absorption spectrometry. Anaytical and Bioanalytical Chemistry. 2005, Bd. 381, S. 69-71.*

[106]	*B. Welz, M. Sperling. Atomabsorptionsspektrometrie. 4.Auflage. Weinheim : Wiley-VCH, 1997.*

[107]	*S.Florek, M. Okross, H. Becker-Ross. Verfahren zur Auswertung von Echelle-Spektren. Nr. 100 55 905/ 7,319,519 B2 Deutschland/ USA, 13. November 2000.*

[108]	*H. Massmann, Z.E. Gohary, S. Gücer. Analysenstörungen durch strukturierten Untergrund in der Atomabsorptionsspektrometrie. Spectrochimica Acta Part B. 1976, Bd. 31, S. 399-409.*

[109]	*M. B. Dessuy, M.G.R. Vale, F.G. Lepri, D.L.G. Borges, B. Welz, M.M. Silva, U. Heitmann. Investigation of artifacts caused by deuterium background correction in the determination of phosphorus by electrothermal atomization using high-resolution continuum source atomic absorption spectrometry. Spectrochimica Acta Part B. 2007, Bd. 63, S. 337-348.*

[110]	*M.A. Fendler, D.J. Butcher. Comparison of deuteriumarc and Smith-Hiftje background correction for graphite furnace molecular absorption spectrometry of fluoride and chloride. Analytica chimica acta. 1995, Bd. 315, S. 167-176.*

[111]	*M.T.C. de Loos-Vollebregt, J. de Galan. Theory of Zeeman atomic absorption spectrometry. Spectrochimica Acta Part B. 1978, Bd. 33, S. 495-511.*

[112]	*H. Gleisner, K. Eichardt, B. Welz. Optimization of analytical performance of a graphite furnace atomic absorption spectrometer with Zeeman-effect background correction using variable magnetic field strength. Spectrochimica Acta Part B. 2003, Bd. 58, S. 1663-1678.*

[113]	*U. Heitmann, M. Schütz, H. Becker-Ross, S. Florek. Measurements on Zeeman-splitting of analytical lines by means of a continuum source graphite furnace atomic absorption spectrometer with a linear charge coupled device array. Spectrochimica Acta Part B. 1996, Bd. 51, S. 1095-1105.*

[114]	*S.R. Koirtyohann, E.E. Pickett. Background correction in long path atomic absorption spectrometry. Analytical chemistry. 1965, Bd. 37, S. 601-603.*

[115]	*M.A. Castro, A.J. Aller. Mechanistic study of the aluminum interference in the determination of arsenic by electrothermal atomic absorption spectrometry. Specrochimica acta Part B. 2003, Bd. 58, S. 901-918.*

[116]	*Y.Y. Zong, P.J. Parsons, W.Slavin. Background correction errors for lead in the presense of phosphate with Zeeman graphite furnace atomic absorption spectrometry. Spectrochimica acta Part B. 1998, Bd. 53, S. 1031-1039.*

[117] G. Schlemmer, H. Gleisner. Revolution in der AAS - Leistungsfähigkeit der Untergrundkorrektur in der hochauflösenden AAS mit Kontinuumstrahler. GIT Labor-Fachzeitschrift. 04 2008, Bd. 02, S. 83-89.

[118] D. Bohrer, U. Heitmann, M.D. Huang, H. Becker-Ross, S. Florek, B. Welz, D. Bertagnolli. Determination of aluminum in high concentrated iron samples: Study of interferences using high-resolution continuum source atomic absorption spectrometry. Soectrochimica Acta Part B. 2007, Bd. 62, S. 1012-1018.

[119] H. Gleisner, T. Furche. Bestimmung von Wolfram in Molybdän. GIT Labor-Fachzeitschrift. 02 2005, S. 116-119.

[120] M.G.R. Vale, I.C.F. Damin, A. Klassen, M.M. Silva, B. Welz, A.F. Silva, F.G. Lepri, D.L.G. Borges, U. Heitmann. Method development for determination of nickel in petroleum using line-source and high-resolution continuum-source graphite furnace absorption spectrometry. Microchemical Journal. 2004, Bd. 77, S. 131-140.

[121] H. Gleisner. Se in Vollblut mit HR-CS AAS - simultane Korrektur direkter spektraler Störungen. GIT Labor-Fachzeitschrift. 10 2009, S. 652-654.

[122] K. Danzer, H. Hobert, C. Fischbacher, K.-U. Jagemann. Planung und Optimierung chemischer Experimente und Messungen. Chemometrik. Berlin Heidelberg : Springer-Verlag, 2001, S. 156-175.

[123] E. Scheffler. Statistische Versuchsplanung und -auswertung. 3. Aufl. Stuttgart : Dt. Verlag für Grundstoffindustrie, 1997. ISBN 3-342-00366-9.

[124] S. Müller. Diplomarbeit. Elektroanalytische Untersuchung der Komplexierungskapazität von ausgewählten Organophosphorsäuren. Jena : FSU, 2009.

[125] W. Kleppmann. Taschenbuch Versuchsplanung. München Wien : Carl Hansen Verlag, 2006.

[126] J. Einax, U. Baltes, P. Koscielniak. Empirische Modellierung von Interferenzeffekten bei der flammenphotometrischen Kalium- und Natriumbestimmung in der Wasseranalytik. Z. gesamte Hygiene. 1989, Bd. 37, Heft 4, S. 211--214.

[127] K. Dittrich, B. Hanisch, H.-J. Stärk. Molecule formation in electrothermal atomizers: Interferences and analytical possibilities by absorption, emission and fluorescence processes. Fresenius Z. Anal. Chem. 1986, Bd. 324, S. 497-506.

[128] Handbook of Chemistry & Physics. 86. s.l. : CRC Press, 2005-2006. ISBN 0-8493-0465-2.

[129] Plasus Specline. version 2.1, Königsbrunn : Plasus Ingenuerbüro, 1998-2004.

[130] http://webbook.nist.gov/chemistry/form-ser.html. [Online]

Literaturverzeichnis

[131] **H.M. Ortner, E. Bulska, U. Rohr, G. Schlemmer, S. Weinbruch, B. Welz.** Modifier and coatings in graphite furnace atomic absorption spectrometry - mechanism of action (A tutorial review). Spectrochimica Acta Part B. 2002, Bd. 57, S. 1835-1853.

[132] http://physics.nist.gov/PhysRefData/ASD/lines_form.html.

[133] http://upload.wikimedia.org/wikipedia/commons/thumb/d/dd/Graphitfluorid.svg /500px-Graphitfluorid.svg.png. [Online]

[134] **R. Kaltofen, R. Opitz, K. Schumann, J. Zieman.** Tabellenbuch Chemie. Leipzig : Deutscher Verlag für Grundstoffindustrie, 1986. 541 906 7.

[135] **H. Gleisner, B. Welz, J.W. Einax.** Optimization of fluorine determination via molecular absorption of gallium mono-fluoride in a graphite furnace using a high-resolution continuum source spectrometer. Spectrochimica Acta Part B. 2010, Bd. 65, S. 864-869.

[136] Official Journal of the European Communities. 1983. No. L 291/ 37.

[137] **K.E. Quentin.** Trinkwasser - Untersuchung und Beurteilung von Trink- und Schwimmbadwasser. Heidelberg : Springer-Verlag, 1988.

[138] **V.K. Saxena, S. Ahmed.** Dissolution of fluoride in groundwater: a water-rock interaction study. Environmental geology. 2001, Bd. 40, S. 1084-1087.

[139] Trinkwasserverordnung. Verordnung über die Qualität von Wasser für den menschlichen Gebrauch (Trinkwasserverordnung). 2001.

[140] **I.D. Brouwer, O.B. Dirks, A.de Bruin, J.G.A.J. Hautvast.** Unsuitability of world health organisation guidelines for fluoride concentrations in drinking water in Senegal. The Lancet. 1988, Bd. 30, S. 223-225.

[141] **B. Singh, S. Gaur, V.K. Garg.** Fluoride in drinking water and human urine in southern Haryana, India. J. of hazardous materials. 2007, Bd. 144, S. 147-151.

[142] **S.V.B.K. Bhagavan, V. Raghu.** Utility of check dams in dilution of fluoride concentration in ground water and the resultant analysisi of blood serum and urine of villagers, Anantapur district, Andhra Pradesh, India. Environmental geochemistry and health. 2005, Bd. 27, S. 97-108.

[143] **W. Binbin, Z. Baoshan, L. Weijuan, Y. Lan, H. Ruizhe, R. Jianping.** Fluorine in drinking water and urine in the urban and rural areas of northwestern China - its determination by a fluoride ion selective electrode. Chin. J. Geochem. 2009, Bd. 28, S. 172-175.

[144] **H. König, E. Walldorf.** Analyse von Zahnpasten. Fresenius Zeitschrift f. Analytische Chemie. 1978, 289, S. 177-197.

[145] **F.N. Hattab.** The state of fluorides in toothpastes. J. Dent. 1989, 17, S. 47-54.

Literaturverzeichnis

[146]   R. Michalski, B. Mathews. Simultaneous determination of fluoride and monofluorophosphate in toothpastes by supressed ion chromatography. Central Euroean Journal of Chemistry. 2006, 4, S. 798-807.

[147]   T.A. Biemer, N. Asral, A. Sippy. Ion chromatographic procedures for analysis of total fluoride content in dentifrices. Journal of Chromatography A. 1997, 771, S. 355-359.

[148]   D.R. Traves. Separation of fluoride by rapid diffusion using hexamethyldisiloxane. Talanta. 1968, 15, S. 969-974.

[149]   G. Wejnerowska, A. Karczmarek, I. Gaca. Determination of fluoride in toothpaste using headspace solid-phase microextraction and gas chromatography-flame ionization detection. Journal of chromatography A. 2007, 1150, S. 173-177.

[150]   E. Skocir, A. Pecavar, M. Prosek. Quantitative determination of fluorine in toothpastes. Journal of high resolution chromatography. 1993, 16, S. 243-246.

[151]   M. Gomez, M.A. Palacios, C. Camara. Determination of fluoride by AlF-MAS in N2O-C2H2 flame: application to toothpaste. Microchemical Journal. 1993, 47, S. 399-403.

[152]   H. Gleisner, J.W. Einax, S. Mores, B. Welz, E. Carasek. A fast and accurate method for the determination of total and soluble fluorine in toothpaste using high-resolution graphite furnace molecular absorption spectrometry and its comparison with established techniques. J. of pharmaceutical and biomedical analysis. 2011, Bd. 54, S. 1040-1046.

[153]   M. Jeszke, B. Litewka, K. Kubiak. Fluorbelastung in der Umgebung einer Kunstdüngerfabrik. 5. Spurenelementsymposium, Leipzig. 1986, S. 767-771.

[154]   V.E.S. Cardoso, G.M. Whitford, H. Aoyama, M.A.R. Buzalaf. Daily variations in human plasma fluoride concentrations. J. of Fluorine chemistry. 2008, Bd. 129, S. 1193-1198.

[155]   V.E.S. Cardoso, G.M. Whitford, M.A.R. Buzalaf. Relationship between daily fluotide intake from diet and the use of dentifrice and human plasma fluoride concentrations. Archives of oral biology. 2006, Bd. 51, S. 552-557.

[156]   P. Suarez, M.C. Quintana, L. Hernandez. Determination of bioavialable fluoride from sepiolite by "in vivo" degestbility assays. Food and chemical Toxicology. 2007, Bd. 46, S. 490-493.

[157]   R.Valach, F. Sedlacek. Die Bioindikation von Fluor:Maßstab der für den Menschen biologisch effektiven Fluoride. 6th International Trace Element Symposium. 1989, Bd. 6.

[158]   G. Yamamoto, K. Yoshitake, T. Sato, T. Kimura, T. Ando. Distribution and forms of fluorine in whole blood of human male. Analytical biochemistry. 1989, Bd. 182, S. 371-376.

[159]   J.B. Morris, F.A. Smith. Identification of two forms of fluorine in tissues of rats inhaling hydrogen fluoride. Toxicology and applied pharmacology. 1983, Bd. 71, S. 383-390.

[160] P. Venkateswarlu. Determination of total fluorine in serum and other biological materials by oxygen bomb and reverse extraction techniques. Analytical biochemistry. 1975, Bd. 68, S. 512-521.

[161] V. Capka, C.P. Bowers, J.N. Narvesen, R.F. Rossi. Determination of total fluorine in blood at trace concentration levels by the Wickbold decomposition method with direct potentiometric detection. Talanta. 2004, Bd. 64, S. 869-878.

[162] Y. Miyake, N. Yamashita, M.K. So, P. Rostkowski, S. Taniyasu, P.K.S. Lam, K. Kannan. Trace analysis of total fluorine in human blood using combustion ion chromatography for fluorine: A mass balance approach for the determination of known and unknown organofluorine compounds. J. of chromatography A. 2007, Bd. 1154, S. 214-221.

[163] Anfrage Nr. EFSA-Q-2003-34. Gutachten des Wissenschaftlichen Gremiums für Kontamination in der Lebensmittelkette auf Ersuchen der Komission bezüglich Fluor als unerwünschte Substanz in Tierfutter. The EFSA Journal. 2004, Bd. 100, S. 1-22.

[164] Richtlinie 2005/87/EG der Kommision vom 5.Dez. zur Änderung von Anhang I der Richtlinie 2002/32/EG. Amtsblatt der europäischen Union. 2005.

[165] E.Janßen, D. Merkel. Bestimmung von Fluor in pflanzlichem Material mittels ionensensitiver Elektrode - Verbandsmethode. Methodenbuch VII. 3. Auflage. Darmstadt : VDLUFA- Verlag, 2008.

[166] Basisrichtlinie: VDI 3795, Bl.2. Bestimmung des F- Gehaltes in biologischen Proben sowie in IRMA- Lösungen. 1981.

[167] B. Welz, M.G.R. Vale, D.L.G. Borges, U. Heitmann. Progress in direct solid sampling analysis using line source and high-resolution continuum source electrothermal atomic absorption spectrometry. Analytical and bioanalytical chemistry. 2007, Bd. 389, S. 2085-2095.

[168] GSF - Forschungszentrum für Umwelt und Gesundheit. Perfluorierte Verbindungen - Mögliche Risiken für Mensch und Umwelt. [Buchverf.] J. Angerer U. Koller. s.l. : FLUGS - Fachinformationsdienst, 2006.

[169] Official Journal of the European Union. DIRECTIVE 2006/122/ECOF THE EUROPEAN PARLIAMENT AND OF THE COUNCIL. 27.12.2006.

[170] M. Fricke, U. Lahl. Risikobewertung von Perfluortensiden als Beitrag zur aktuellen Diskussion zum REACH-Dossier der EU-Kommission. UWSF - Z. Umweltchem. Ökotox. 2005, Bd. 17/1, S. 36-49.

[171]. Lange, F.T. Der Teufel steckt im Detail - Analytik von perfluorierten Verbindungen in Wasser. GIT Labor- Fachzeitschrift. 2008, Bd. 10, S. 894-898.

Literaturverzeichnis

[172]   http://www.umweltbundesamt.de/wasser-und-gewaesserschutz. Poly- und perfluorierte organische Chemikalien - Fachgespräch des UBA und MUNLV NRW. [Online]

*[173]   **W. Funk, V. Dammann, G. Donnevert.** Qualitätssicherung in der Analytischen Chemie. 2. Auflage. Weinheim : Wiley-VCH Verlag, 2005. 3-527-3111*

Abbildungsverzeichnis

Abb. 1:	Schematischer Aufbau einer Messzelle mit ionensensitiver Elektrode für die Fluoridbestimmung [33].	11
Abb. 2:	Aufbau einer ionensensitiven Elektrode mit einer Festkörpermembran [6].	11
Abb. 3:	Abhängigkeit des nutzbaren Messbereiches einer fluoridselektiven Elektrode vom pH-Wert [6].	13
Abb. 4:	Aufbau eines pellikularen Ionenaustauschers [42].	17
Abb. 5:	Neutralisationsreaktion in einem selbstregenerierenden Suppressor für die Anionenaustausch-Chromatographie [7].	18
Abb. 6:	Elektronenanregungsspektrum des PO-Moleküls in einer AAS-Flamme erzeugt [75].	27
Abb. 7:	Schwingungsfreiheitsgrade eines zweiatomigen Moleküls durch Stauchung und Dehnung [75].	28
Abb. 8:	Schwingungsspektrum eines PO-Moleküls mit äquidistantem Abstand für einen Elektronenübergang [75].	29
Abb. 9:	Schematische Darstellung der Rotationsbewegung von zweiatomigen Molekülen [75].	30
Abb. 10:	Rotationsspektrum einer PO-Schwingungsbande des PO-Moleküls [75].	30
Abb. 11:	Xenon-Kurzbogenlampe des contrAA® [99].	33
Abb. 12:	Wellenlängenabhängige Strahlungsstärke der Xe-Lampe im „Hot-Spot"-Messmode verglichen mit der Strahlungsstärke von verschiedenen Hohlkathodenlampen (HKL) [75].	33
Abb. 13:	Darstellung des „Hot-Spot" zwischen den Wolframelektroden der Xe-Lampe [75].	34
Abb. 14:	Schematische Darstellung des Strahlengangs im contrAA® 700 [99].	36
Abb. 15:	Schematischer Detektoraufbau des im contrAA® 700 verwendeten FFT-CCD [104].	37
Abb. 16:	Untergrundkorrektur am Beispiel Ni 232,003 nm, graue Linien = ausgewählte Stützpixel zur Berechnung des Basislinienpolynoms, a) dynamisch, b) statisch.	43
Abb. 17:	Untergrundkorrektur nach dem IBC-Algorithmus am Beispiel Ni 232,003 nm.	44
Abb. 18:	Korrektur einer direkten spektralen Linienüberlappung des NO-Moleküls auf der Zn-Absorptionswellenlänge 213,857 nm. a) unkorrigiertes Spektrum, b) NO-Korrekturspektrum, Zn-Absorptionslinien maskiert, c) mit dem NO-Korrekturspektrum korrigiertes Spektrum	46
Abb. 19:	contrAA® 700 von Analytik Jena AG (Jena, Deutschland) [99].	55
Abb. 20:	Strukturformel des Moleküls Bormonofluorid.	57
Abb. 21:	Strukturformel des Moleküls Aluminiummonofluorid.	58
Abb. 22:	Strukturformel des Moleküls Galliummonofluorid.	59

Abbildungsverzeichnis

Abb. 23:	Strukturformel des Radikal Berylliummonofluorid.	60
Abb. 24:	Extinktionsssignale der GaF-Molekülabsorption auf 221,248 nm mit thermischer Pd-Modifier-Vorbehandlung, a) spektral aufgelöstes 2D-Extinktionssignal, b) spektral und zeitlich aufgelöstes 3D-Extinktionssignal.	65
Abb. 25:	TZP zur thermischen Modifier-Vorbehandlung (gelbgrün) und GaF-Molekülbildung, Messschritt (rot).	66
Abb. 26:	Absorptionssignal der GaF-Molekülabsorption 221,248 nm mit thermischer Pd-Modifier-Vorbehandlung und permanenter ZrC-Beschichtung des Graphitrohres, a) spektral aufgelöstes 2D-Extinktionssignal über die Wellenlänge, b) spektral und zeitlich aufgelöstes 3D-Extinktionssignal.	67
Abb. 27:	GaF-Extinktion in Abhängigkeit von der zugesetzten Ga-Masse sowie dem Zeitpunkt der Zugabe im TZP, Injektion von 0,4 pg F.	69
Abb. 28:	GaF-Extinktion in Abhängigkeit von der in der thermischen Vorbehandlung zugesetzten Ga-Menge.	70
Abb. 29:	Blindwertproblematik der GaF-MA nach einer Messpause über das Wochenende, dargestellt durch den Bargraph der GaF-MA für wiederholende Blindwertmessungen.	72
Abb. 30:	Strukturformel Graphitfluorid (CF_x) nach [133].	73
Abb. 31:	Abhängigkeit der relativen GaF-Extinktion von der in der thermischen Vorbehandlung in 5 µL zudosierten Zr-Konzentration.	73
Abb. 32:	Abhängigkeit der relativen GaF-Extinktion von der NaAc-Konzentration, dosiert in einem Volumen von 5 µL, Injektion zusammen mit 20 µL F-Standard.	75
Abb. 33:	Zeitlich aufgelöster Signalverlauf der GaF-MA für verschiedene NaAc-Konzentrationen: a) 0 mg L^{-1} NaAc, b) 0,3 mg L^{-1} NaAc, c) 1,0 mg L^{-1} NaAc.	76
Abb. 34:	Abhängigkeit der relativen GaF-Extinktion von der wässrigen Ru-III-Nitrosylnitrat-Konzentration, die als 5 µL Modifiervolumen zusammen mit 20 µL der Probe in das Graphitrohr dosiert wurde.	77
Abb. 35:	Pyrolyse- und Molekülbildungstemperaturoptimierung der GaF-MA.	82
Abb. 36:	Fluor-Kalibrierkurve im Konzentrationsbereich von 2-10 µg L^{-1} F$^-$, Probeninjektionsvolumen 20 µL.	83
Abb. 37:	Abhängigkeit der Wiederfindungsrate von 0,9 ng F, Addition zu Lösungen unterschiedlicher Cl$^-$-Konzentrationen: 0-100 mg L^{-1} Cl$^-$.	87
Abb. 38:	Abhängigkeit der Wiederfindungsrate von 0,9 ng F, Addition zu Lösungen unterschiedlicher HNO$_3$-Konzentration: 0-1,43 mol L^{-1} H$^+$.	88

Abbildungsverzeichnis

Abb. 39:	Abhängigkeit der Wiederfindungsrate von 0,9 ng F, Addition zu Lösungen unterschiedlicher Ca^{2+}-Konzentrationen: 0-500 mg L^{-1} Ca^{2+}.	89
Abb. 40:	Abhängigkeit der Wiederfindungsrate von 0,9 ng F, Addition zu Lösungen unterschiedlicher Mg^{2+}-Konzentrationen: 0-500 mg L^{-1} Mg^{2+}.	89
Abb. 41:	Abhängigkeit der Wiederfindungsrate von 0,9 ng F, Addition zu Lösungen unterschiedlicher Fe^{3+}-Konzentrationen: 0-500 mg L^{-1} Fe^{3+}.	90
Abb. 42:	Abhängigkeit der Wiederfindungsrate von 0,9 ng F, Addition zu Lösungen unterschiedlicher Al^{3+}-Konzentrationen: 0-500 mg L^{-1} Al^{3+}.	90
Abb. 43:	Fluorid-Kalibrierkurve zur Ermittlung der Elektrodensteilheit.	93
Abb. 44:	Kalibrierkurve im Konzentrationsbereich von 10-50 µg L^{-1} F.	97
Abb. 45:	Strukturformel von Dinatriummonofluorphosphat (Na_2PO_3F, Na-MFP).	102
Abb. 46:	Regressionsgeraden der mit Fluor addierten Serumprobe (VF 5) und des Blindwertes (graue Regressionsgerade).	117
Abb. 47:	Feststoffprobengeber SSA 600 L der Fa. Analytik Jena AG als Zubehör zum contrAA® 700.	124
Abb. 48:	Probenplattform aus Graphit der Fa. Analytik Jena AG.	124
Abb. 49:	Strukturformel der Perfluoroctansulfonsäure (PFOS) und der Perfluoroctansäure (PFOA) als zwei der wichtigsten Vertreter der PFC's.	128

Tabellenverzeichnis

Tab. 1:	Bestimmungsverfahren der klassischen LS-AAS zur Untergrundkorrektur (UGK) und deren Grenzen.	41
Tab. 2:	Darstellung des vollständigen 2^4-Faktorplans nach [123], der zur Methodenoptimierung im Abschnitt 0, Seite 74 ff. verwendet wurde.	52
Tab. 3:	Bindungsdissoziationsenergie E_D geordnet nach der Größe ihrer Energie.	57
Tab. 4:	Wellenlänge, Elektronenübergang, Absorptionssignal und eingesetzte Analytmasse für die AlF-Molekülabsorption.	58
Tab. 5:	Wellenlänge, Elektronenübergang, Absorptionssignal und eingesetzte Analytmasse für die GaF-Molekülabsorption.	59
Tab. 6:	Wellenlänge, Elektronenübergang, Absorptionssignal und eingesetzte Analytmasse für die BeF-Molekülabsorption.	60
Tab. 7:	TZP zur thermischen Modifier-Vorbehandlung und GaF-Molekülbildung, * NP = „no power-Heizrate" zur Abkühlung des Ofens.	64
Tab. 8:	Zahl der unabhängigen Variablen, obere und untere Faktorstufe sowie ZP zur Erstellung der Planmatrix eines 2^4-Faktorplans.	78
Tab. 9:	Plan- und Antwortmatrix des 2^4-Faktorplans.	79
Tab. 10:	Signifikante Regressionskoeffizienten des Regressionspolynoms zur Effektschätzung des 2^4-Faktorplans mit einer statistischen Wahrscheinlichkeit von $P = 0{,}95$ (Ga-Molekülbildungsreagens, Zr-, NaAc- und Ru-III-Nitrosylnitrat-Modifier).	79
Tab. 11:	Signifikante Regressionskoeffizienten des Regressionspolynoms zur Effektschätzung des 2^3-Faktorplans mit einer statistischen Wahrscheinlichkeit von $P = 0{,}95$ (Zr-, NaAc- und Ru-III-Nitrosylnitrat-Modifier).	80
Tab. 12:	Art, Volumen und Konzentration der verwendeten Modifier sowie deren Einsatz (in der thermischen Vorbehandlung oder zusammen mit 20 µL Probe) zur Erzeugung der GaF-MA nach dem TZP in Tab. 7, Seite 60.	81
Tab. 13:	Methodenkenngrößen der Bestimmungsmethode von Fluor mit HR-CS-MAS. s_{rel} = relative Standardabweichung des Mittelwertes der einzelnen Extinktionswerte ($n = 3$).	84
Tab. 14:	Vergleich der Nachweisgrenzen für verschiedene Bestimmungsverfahren von Fluorid in wässrigen Proben.	85

Tabellenverzeichnis

Tab. 15:	Ermittelte Fluorkonzentrationen in Mineral-, Forst- (Wasser) und Trinkwasser (TW) und sowie in zertifiziertem Referenzmaterial, 20 µL Probenvolumen (VF = Verdünnungsfaktor, s_{rel} = relative Standardabweichung, WFR = Wiederfindungsrate).	98
Tab. 16:	Typische Fluorverbindungen in Zahncremes.	101
Tab. 17:	Fluorspezies der untersuchten Zahncremes und ihre spezifizierten bzw. angenommenen Fluorkonzentrationen.	105
Tab. 18:	Art, Volumen und Konzentration der verwendeten Modifier sowie deren Einsatz (in der thermischen Vorbehandlung oder zusammen mit 20 µL Probe) zur Bestimmung von Fluor in Zahncreme, MA nach dem TZP in Tab. 7, Seite 60.	107
Tab. 19:	Gesamt- und gelöste Fluorkonzentration in den mit HR-CS-MAS untersuchten Zahncremeproben.	108
Tab. 20:	Vergleich der mit HR-CS-MAS ermittelten Werte der Gesamtfluorkonzentrationen mit den Ergebnissen der GC-MS und des gelösten (bioaktiven) Fluorids mit Ergebnissen durch Nutzung der Fluorid-ISE.	110
Tab. 21:	Ergebnisse der Gesamtfluorbestimmung im Blutserum mit GaF-MAS im Vergleich zu Blutserum mit zertifizierten Fluoridkonzentrationen.	115
Tab. 22:	Anstieg der Regressionsgeraden der mit Fluor addierten Blindwert- und Serumprobe (VF5) aus Abb. 46.	117
Tab. 23:	Untersuchte Proben, angegebene F-Gehalte und deren Bestimmungsmethoden.	119
Tab. 24:	Ergebnisse der Bestimmung von Gesamtfluor mit HR-CS-MAS in Futtermittel, Boden, Pflanzen und Wasser, verglichen mit Ergebnissen der F-ISE-Bestimmung nach alkalischem Schmelzaufschluss und Standardadditionsmethode sowie anhand der Wiederfindungsrate (WFR) mit den zertifizierten Gehalten der CRM`s.	120
Tab. 25:	Fluorkonzentrationen der direkten Feststoffbestimmung mit GaF-HR-CS-MAS, zertifizierte Werte, Absorptionswellenlänge und absoluter Kalibrierbereich, EW = Einwaage.	126
Tab. 26:	Ergebnisse der Gesamtfluorbestimmung in PFOA- und PFOS-Lösungen für eine Kalibrierung mit wässrigen NaF-Standards	131
Tab. 27:	Ergebnisse der Gesamtfluorbestimmung in PFOA- und PFOS-Lösungen für eine Kalibrierung mit F-Benzoesäure-Standards.	131

Anhang–Abbildungen

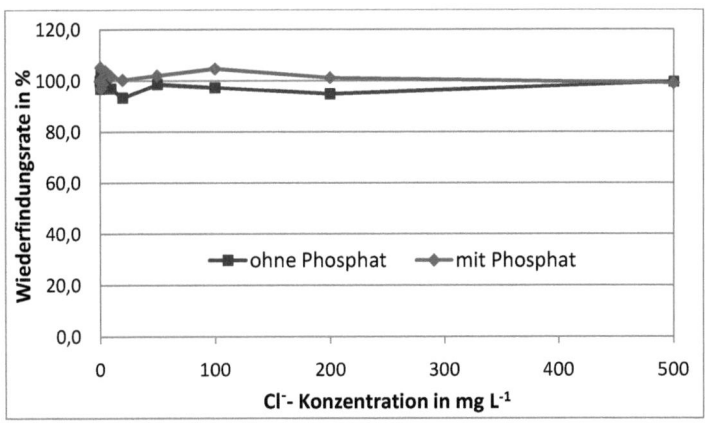

Anhang-Abb. 1: Abhängigkeit der Wiederfindungsrate von 0,9 ng F, Addition zu Lösungen unterschiedlicher Cloridkonzentrationen: 0-500 mg L^{-1} Cl$^-$.

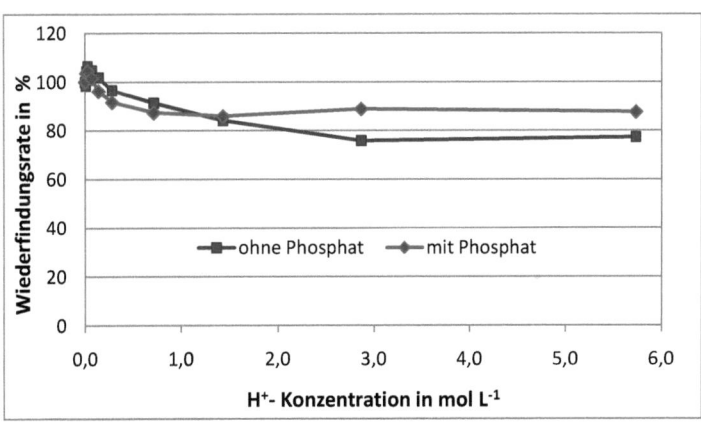

Anhang-Abb. 2: Abhängigkeit der Wiederfindungsrate von 0,9 ng F, Addition zu Lösungen unterschiedlicher HNO$_3$- Konzentrationen: 0-5,7 mol L^{-1} HNO$_3$.

Anhang-Tabellen

Anhang-Tab. 1: Bindungsdissoziationsenergie zweiatomiger Moleküle [128].

Bindungsdissoziationsenergie in kJ mol^{-1}					
Gruppe 1		Gruppe 2		Gruppe 13	
HF	570	BeF	573	BF	732
LiF	577	MgF	463	AlF	675
CsF	517	CaF	529	GaF	584
		SrF	538	InF	516
		BaF	572	TlF	439
Gruppe 14		Gruppe 15		Gruppe 16	
CF	514	NF	283	FF	155
SiF	549	PF	490		
GeF	523	AsF	410		
SnF	414	SbF	440		
PbF	331				
Gruppe 3		Gruppe 4		Gruppe 5	
ScF	599	TiF	569	TaF	573
YF	685	ZrF	627	Gruppe 6	
LaF	659	HfF	650	CrF	523
Lanthanoide		Actinide			
GdF	590	UF	648		

Legende:

> 700 kJ mol^{-1}
> 600 kJ mol^{-1}
> 550 kJ mol^{-1}
> 500 kJ mol^{-1}
< 500 kJ mol^{-1}

Anhang Tabellen

Anhang-Tab. 2: Molekülabsorptionslinien für das Molekül BF nach PLASUS SpecLine Datenbank [129], untere Wellenlänge: 190 nm, obere Wellenlänge 900 nm.

Gefundene Linien:

Linie in nm	Element	I (rel.)	Energien in eV Unten - oben			Übergang Unten - oben			Quantenzahlen Unten - oben			Kommentar
191,1000	BF	1000	0,00	-	6,34	X^1Sig+	-	A^1Pi	0	-	1	Q-Head
195,7400	BF	1000	0,00	-	6,34	X^1Sig+	-	A^1Pi	0	-	0	Q-Head
196,2700	BF	900	0,00	-	6,34	X^1Sig+	-	A^1Pi	1	-	1	Q-Head
201,1000	BF	800	0,00	-	6,34	X^1Sig+	-	A^1Pi	1	-	0	Q-Head
201,5800	BF	700	0,00	-	6,34	X^1Sig+	-	A^1Pi	2	-	1	Q-Head
206,7400	BF	400	0,00	-	6,34	X^1Sig+	-	A^1Pi	2	-	0	Q-Head
207,1500	BF	300	0,00	-	6,34	X^1Sig+	-	A^1Pi	3	-	1	Q-Head
263,1400	BF	700	-			a^3Pi	-	c^3Sig+	0	-	0	P3-Head
272,4000	BF	400	-			a^3Pi	-	c^3Sig+	1	-	0	P3-Head
282,4000	BF	300	-			a^3Pi	-	c^3Sig+	2	-	0	P3-Head
297,4800	BF	400	-			a^3Pi	-	b^3Sig+	0	-	1	P3-Head
311,8400	BF	900	-			a^3Pi	-	b^3Sig+	0	-	0	Q2-Head
312,0300	BF	900	-			a^3Pi	-	b^3Sig+	0	-	0	P1-Head
312,1200	BF	900	-			a^3Pi	-	b^3Sig+	0	-	0	P2-Head
312,2100	BF	700	-			a^3Pi	-	b^3Sig+	0	-	0	P3-Head
312,4100	BF	200	-			a^3Pi	-	b^3Sig+	0	-	0	Q1-Head
322,2900	BF	100	-			a^3Pi	-	b^3Sig+	2	-	1	P3-Head
325,4800	BF	500	-			a^3Pi	-	b^3Sig+	1	-	0	P3-Head
335,9700	BF	200	-			a^3Pi	-	b^3Sig+	3	-	1	P3-Head
339,6900	BF	300	-			a^3Pi	-	b^3Sig+	2	-	0	P3-Head
354,9800	BF	400	-			a^3Pi	-	b^3Sig+	3	-	0	P3-Head

Anhang-Tab. 3: Molekülabsorptionslinien für das Molekül BeF nach PLASUS SpecLine Datenbank [129], untere Wellenlänge: 190 nm, obere Wellenlänge 900 nm.

Gefundene Linien:

Linie in nm	Element	I (rel.)	Energien in eV Unten- oben			Übergang Unten - oben			Quantenzahlen Unten - oben			Kommentar
290,9000	BeF	700	0,00	-	4,12	X^2Sig+	-	A^2Pi	0	-	1	R2-Linie
300,9900	BeF	1000	0,00	-	4,12	X^2Sig+	-	A^2Pi	0	-	0	R1-Linie
301,3000	BeF	600	0,00	-	4,12	X^2Sig+	-	A^2Pi	0	-	0	Q1-Linie
301,8000	BeF	900	0,00	-	4,12	X^2Sig+	-	A^2Pi	1	-	1	R2-Linie
312,6100	BeF	800	0,00	-	4,12	X^2Sig+	-	A^2Pi	1	-	0	R2-Linie

Anhang Tabellen

Anhang-Tab. 4: Molekülabsorptionslinien für das Molekül AlF nach PLASUS SpecLine Datenbank [129], untere Wellenlänge: 190 nm, obere Wellenlänge 900 nm.

Gefundene Linien:

Linie in nm	Element	I (rel.)	Energien in eV Unten - oben	Übergang Unten - oben	Quantenzahlen Unten- oben	Kommentar
223,4400	AlF	400	0,00 - 5,45	X^1Sig+ - A^1Pi	0 - 1	Q-Head
227,4700	AlF	1000	0,00 - 5,45	X^1Sig+ - A^1Pi	1 - 1	Q-Head
227,4900	AlF	800	0,00 - 5,45	X^1Sig+ - A^1Pi	2 - 2	Q-Head
227,5200	AlF	800	0,00 - 5,45	X^1Sig+ - A^1Pi	3 - 3	Q-Head
227,5800	AlF	800	0,00 - 5,45	X^1Sig+ - A^1Pi	4 - 4	Q-Head
227,6600	AlF	800	0,00 - 5,45	X^1Sig+ - A^1Pi	5 - 5	Q-Head
227,7600	AlF	700	0,00 - 5,45	X^1Sig+ - A^1Pi	6 - 6	Q-Head
227,8800	AlF	400	0,00 - 5,45	X^1Sig+ - A^1Pi	7 - 7	Q-Head
231,6000	AlF	1000	0,00 - 5,45	X^1Sig+ - A^1Pi	2 - 1	Q-Head
231,6400	AlF	1000	0,00 - 5,45	X^1Sig+ - A^1Pi	1 - 0	Q-Head
231,7900	AlF	800	0,00 - 5,45	X^1Sig+ - A^1Pi	2 - 1	P-Head
231,8300	AlF	800	0,00 - 5,45	X^1Sig+ - A^1Pi	1 - 0	P-Head
235,8200	AlF	400	0,00 - 5,45	X^1Sig+ - A^1Pi	3 - 1	Q-Head

Anhang-Tab. 5: Molekülabsorptionslinien für das Molekül GaF nach PLASUS SpecLine Datenbank [129], untere Wellenlänge: 190 nm, obere Wellenlänge 900 nm.

Gefundene Linien:

Linie in nm	Element	I (rel.)	Energien in eV Unten- oben	Übergang Unten- oben		Quantenzahlen Unten- oben			Kommentar
206,7900	GaF	400	-	X¹Sig	- C¹Pi	0	-	2	Q-Head
208,9400	GaF	600	-	X¹Sig	- C¹Pi	0	-	1	Q-Head
209,4600	GaF	700	-	X¹Sig	- C¹Pi	1	-	2	Q-Head
211,2400	GaF	1000	-	X¹Sig	- C¹Pi	0	-	0	Q-Head
211,6600	GaF	1000	-	X¹Sig	- C¹Pi	1	-	1	Q-Head
212,1700	GaF	900	-	X¹Sig	- C¹Pi	2	-	2	Q-Head
214,0300	GaF	700	-	X¹Sig	- C¹Pi	1	-	0	Q-Head
214,2700	GaF	400	-	X¹Sig	- C¹Pi	2	-	1	R-Head
214,4300	GaF	400	-	X¹Sig	- C¹Pi	2	-	1	Q-Head
216,8600	GaF	400	-	X¹Sig	- C¹Pi	2	-	0	Q-Head
216,9400	GaF	400	-	X¹Sig	- C¹Pi	2	-	0	P-Head
298,5100	GaF	500	-	X¹Sig	- B³Pi (1)	1	-	1	Q-Head

Anhang Tabellen

Anhang-Tab. 6 TZP zur Plattformbeschichtung mit Zirkoniumkarbid, Injektion von 3 x 50 µL einer 1 g L^{-1} Zr-Standardlösung.

Schritt	Temperatur in °C	Heizrate in °C s^{-1}	Haltezeit in s
1	80	7	2
2	95	3	40
3	350	50	20
4	1100	300	15
5	2400	1500	4

Anhang-Tab. 7: Kalibrierkurve, absoluter Kalibrierbereich sowie typische Absorptions-signale auf der GaF-MAS-Wellenlänge 211,248 nm.

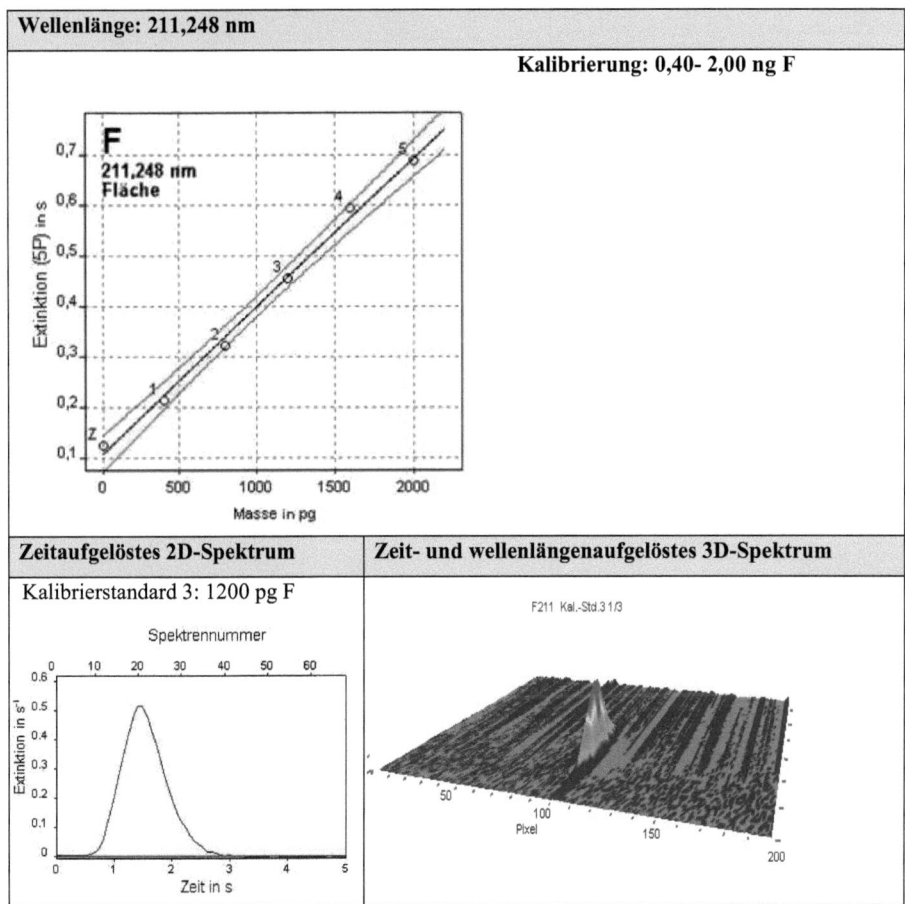

Anhang Tabellen

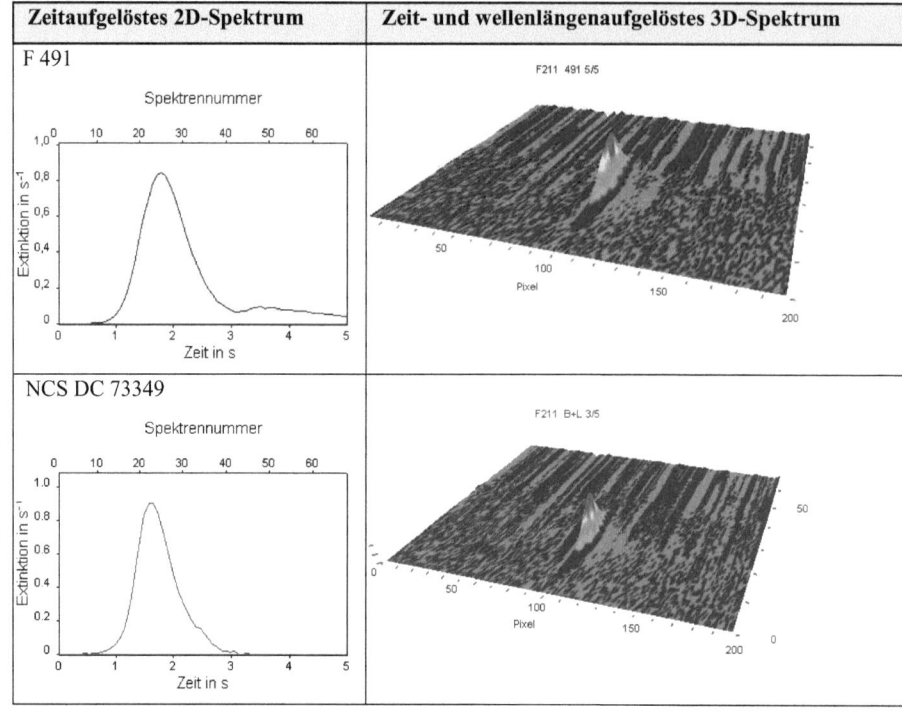

Anhang-Tab. 8: Kalibrierkurve, absoluter Kalibrierbereich sowie typische Absorptions-signale auf der GaF-MAS-Wellenlänge 212,111 nm.

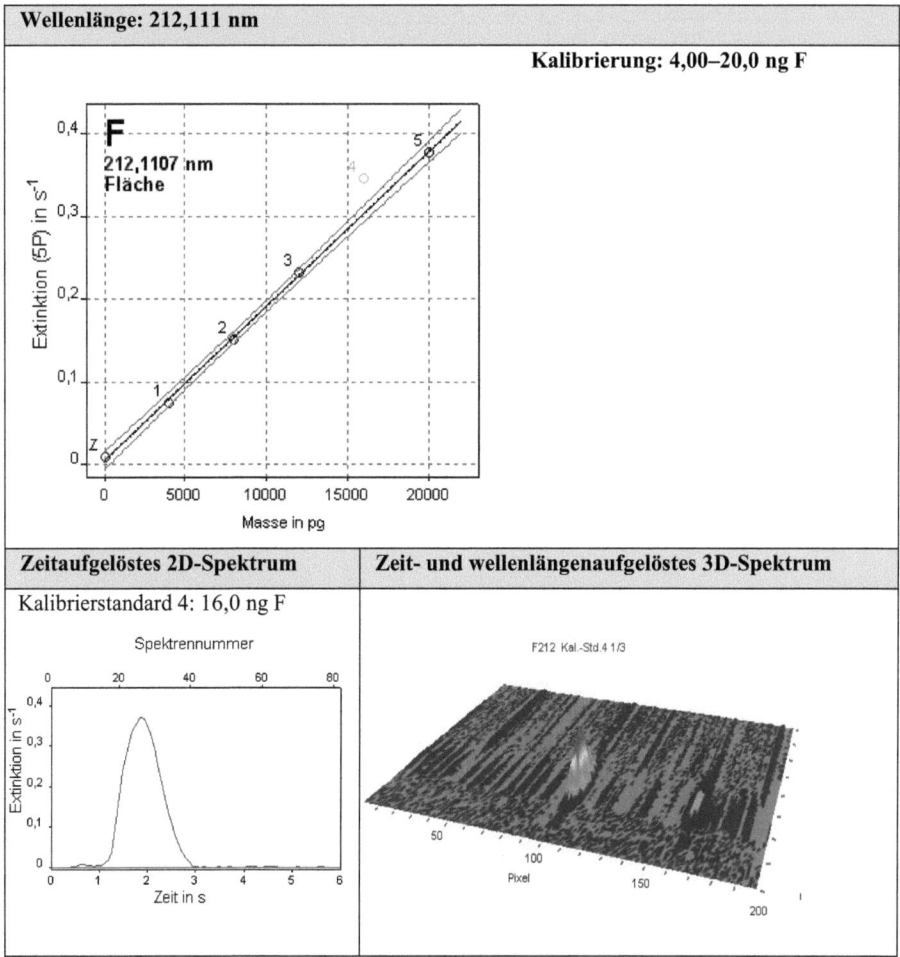

Anhang Tabellen

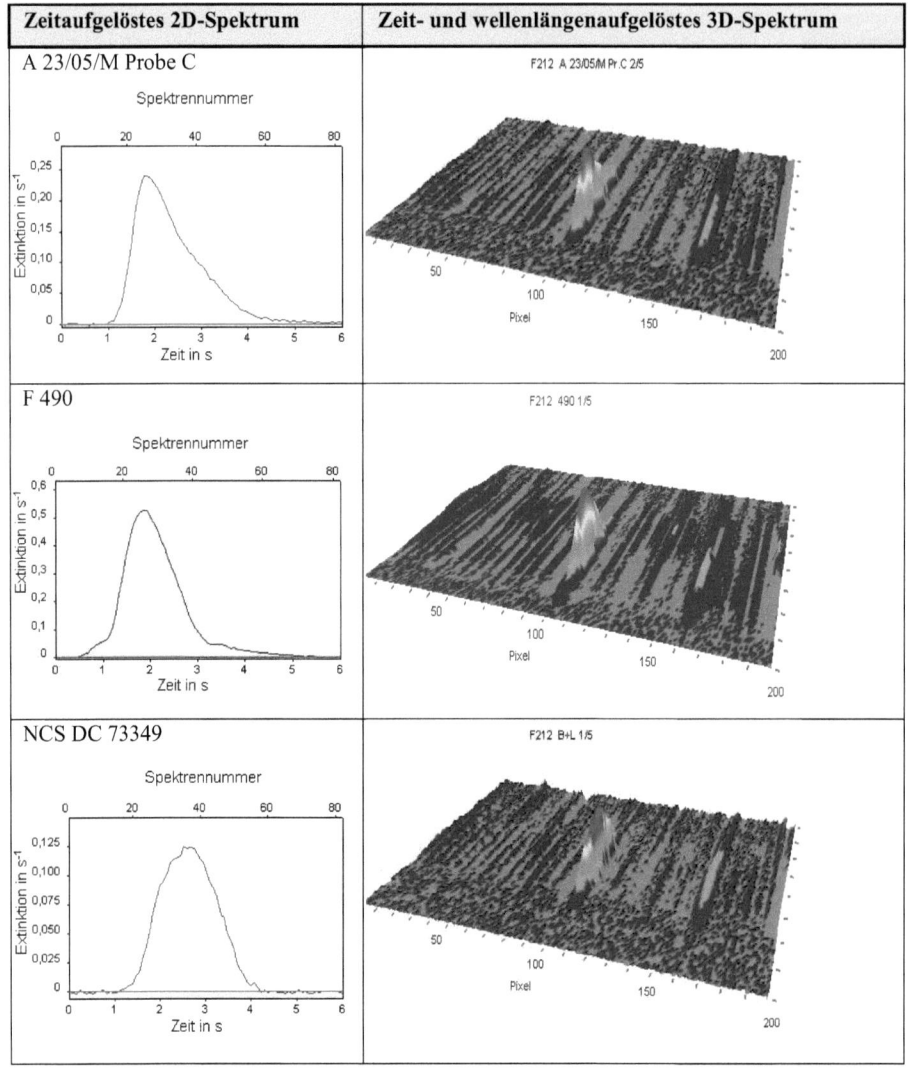

Anhang-Tab. 9: Kalibrierkurve, absoluter Kalibrierbereich sowie typische Absorptions-signale auf der GaF-MAS-Wellenlänge 213,794 nm.

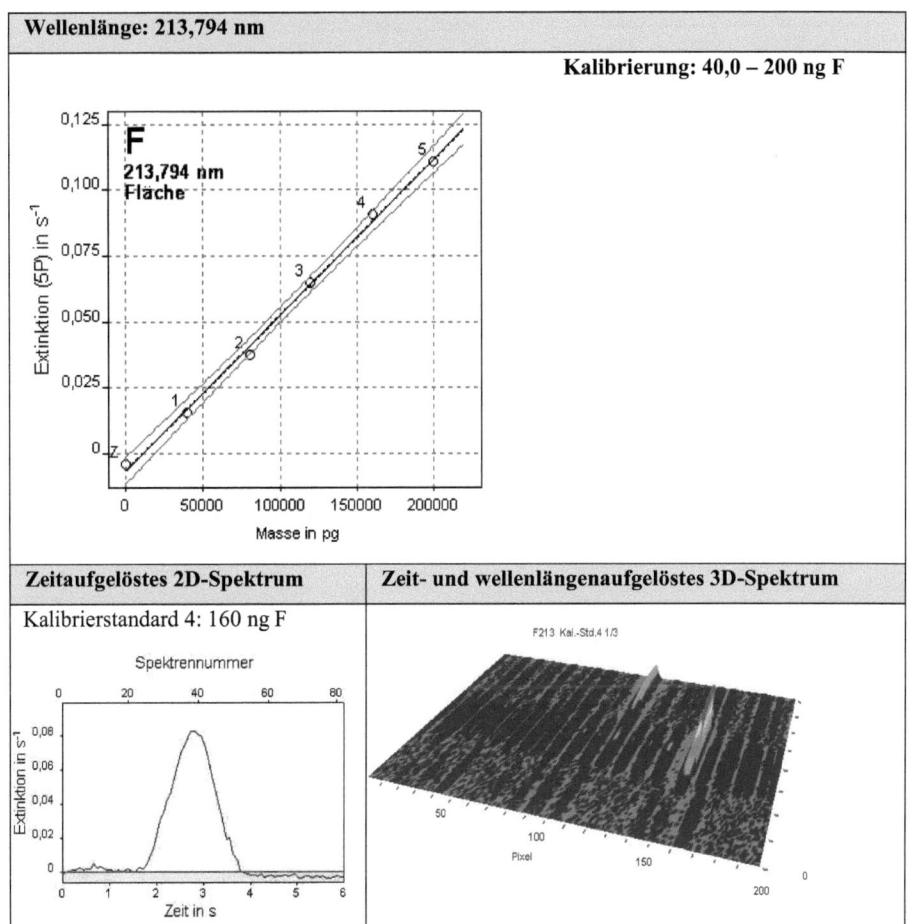

Anhang Tabellen

Zeitaufgelöstes 2D-Spektrum	Zeit- und wellenlängenaufgelöstes 3D-Spektrum
NCS DC 73325	

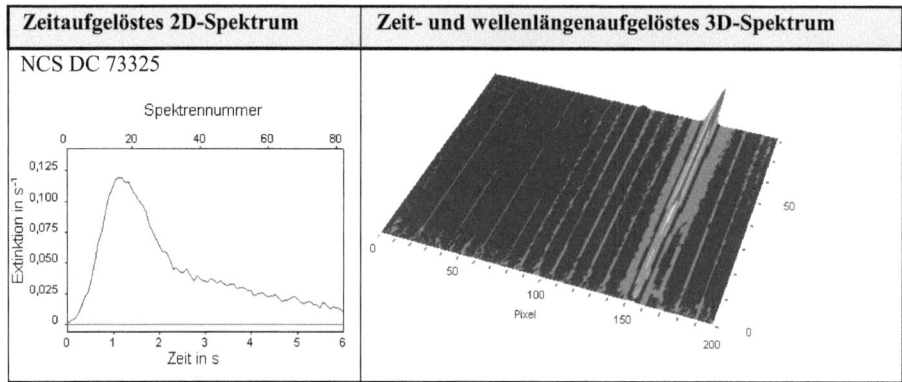

Die VDM Verlagsservicegesellschaft sucht für wissenschaftliche Verlage abgeschlossene und herausragende

Dissertationen, Habilitationen, Diplomarbeiten, Master Theses, Magisterarbeiten usw.

für die kostenlose Publikation als Fachbuch.

Sie verfügen über eine Arbeit, die hohen inhaltlichen und formalen Ansprüchen genügt, und haben Interesse an einer honorarvergüteten Publikation?

Dann senden Sie bitte erste Informationen über sich und Ihre Arbeit per Email an *info@vdm-vsg.de*.

Sie erhalten kurzfristig unser Feedback!

VDM Verlagsservicegesellschaft mbH
Dudweiler Landstr. 99   Telefon +49 681 3720 174
D - 66123 Saarbrücken   Fax   +49 681 3720 1749
www.vdm-vsg.de

Die VDM Verlagsservicegesellschaft mbH vertritt

Printed by Books on Demand GmbH, Norderstedt / Germany